USER'S GUIDE TO PLASTIC

塑料使用指南

（瑞典）乌尔夫·布鲁德(Ulf Bruder)　著

罗婷婷　译

U0230711

化学工业出版社

·北京·

本书以浅显易懂的语言，对塑料制品及其相关的成型工艺、设备进行了介绍。从最基础的塑料的来源、分类、与环境的相关性，一直到原料及制品的性能与表征、成型方法及设备、成型工艺、实际生产问题的解决与管理等。

本书适用于塑料行业的相关技术人员、销售、管理人员，也适用于大、中专院校的塑料、模具相关专业学生对感兴趣的专业知识进行自学。

User's Guide to Plastic/by Ulf Bruder
ISBN 978-1-56990-572-2
Copyright© 2015 by Carl Hanser Verlag. All rights reserved.
Authorized translation from the English language edition published by Hanser Publications.
本书中文简体字版由Hanser Publications 授权化学工业出版社独家出版发行。
未经许可，不得以任何方式复制或抄袭本书的任何部分，违者必究。

北京市版权局著作权合同登记号：01-2018-2627

图书在版编目（CIP）数据

塑料使用指南 /（瑞典）乌尔夫·布鲁德著；罗婷婷
译. —北京：化学工业出版社，2019.1（2025.1 重印）
书名原文：User's Guide to Plastic
ISBN 978-7-122-33187-8

Ⅰ. ①塑… Ⅱ. ①乌… ②罗… Ⅲ. ①塑料工业-指
南 Ⅳ. ①TQ32-62

中国版本图书馆 CIP 数据核字（2018）第 236462 号

责任编辑：仇志刚　高　宁　　　　　　　　装帧设计：韩　飞
责任校对：杜杏然

出版发行：化学工业出版社（北京市东城区青年湖南街13号　邮政编码100011）
印　　装：涿州市般润文化传播有限公司
787mm×1092mm　1/16　印张16¼　字数412千字　2025年1月北京第1版第5次印刷

购书咨询：010-64518888　　　　　　　　　售后服务：010-64518899
网　　址：http://www.cip.com.cn
凡购买本书，如有缺损质量问题，本社销售中心负责调换。

定　　价：128.00元　　　　　　　　　　　　　　　版权所有　违者必究

→ 前 言

很多年以来，我一直想要出本关于注射成型方面的书，因为在我45年的职业生涯中我一直从事这方面的工作。

2009年我退休的时候，我的朋友们——瑞典塑料杂志《Plastforum》的Katrina Elner-Haglund和Peter Schulz给了我巨大的支持，他们邀请我为他们的杂志撰写一系列关于热塑性塑料以及加工的文章。

在这个时候，我也被斯德哥尔摩皇家科技大学的技术学院邀请参加教育项目的工作，同时还受邀兼职于一些瑞典的工业公司。受益于这些工作经验，这本书的雏形得以形成。

我的目标是写这样的一本书：这本书可以被每个人看懂，不管这个人事先是否了解塑料。这本书要用大量的图片来充实实用的方法，并且可以被中学、大学、工业培训采用，还可以用于自学。在有些章节中有一些参考文献被整理在excel表格中，读者可以在我的网站www.brucon.se上免费下载。

除了上述人员外，我要向以下几位表示感谢：在我已经完全沉浸在"塑料的奇妙世界"中时一直对我非常有耐心并校对了这本书的我的妻子Ingelöv；花费了无数时间来调整所有图片信息的我的兄弟Hans-Peter；还有检查了这本书的所有内容并提出许多宝贵意见的我的女婿Stefan Bruder。

我也要感谢我以前的雇主——杜邦高性能聚合物公司，特别是我的朋友和前经理Björn Hedlund和Stewart Daykin，他们对我谆谆教诲，一直鼓励我职业生涯的发展，直到我达到了我的终极目标并胜任我梦想的职业——"全球技术培训经理"。他们也为这本书贡献了许多有价值的信息和图片。

我也想对在最近几年所有教育项目中的我的朋友们和商业伙伴们表示极大的感谢，他们支持我，并为这本书提供了许多有价值的评论、信息和图片。在此我想特别感谢他们（按公司名单）：

Kenny Johansson, Acron Formservice AB, Anders Sjögren, AD Manus Materialteknik AB, Michael Jonsson, AD-Plast AB, Johan Orrenius, Arla Plast AB, Kristian Östlund, Arta Plast AB, Eric Anderzon, Bergo Flooring AB, Anders Sjöberg, Digital Mechanics AB, Kristina Ekberg, Elasto Sweden AB, Frans van Lokhorst, Engel Sverige AB, Carl-Dan Friberg, Erteco Rubber & Plastics AB, Bim Brandell, Ferbe Tools AB, Niclas Forsström, Fristad Plast AB, Mattias Rydén, Hordagruppen AB, Lena Lundberg, IKEM, Magnus Lundh, K.D. Feddersen AB, Heidi Andersen and Lars Klees, Klees Consulting, Prof.Carl Michael Johannesson, KTH, Prof.Robert Bjärnemo, LTH, Oliver Schmidt, Materialbiblioteket, Joacim Ejeson, Nordic Polymers AB, Michael

Nielsen，Nielsen Consulting，Marcus Johansson，Plastinject AB，Patrik Axrup，Polykemi AB，Edvald Ottosson，Protech AB，Thomas Bräck，Re8 Bioplastic，Thomas Andersson，Resinex Nordic AB，Martin Hammarberg，Sematron AB，Joachim Henningsson，Spring Slope，Nils Stenberg，Stebro Plast AB，Ronny Corneliusson和Tommy Isaksson，Talent Plastics AB和Jan-Olof Wilhemsson，Tojos Plast AB.

在这本书的第30章中有他们的公司网站链接，还有其他为这本书贡献了信息和图像的公司网站链接。

最后，我想说非常感谢Vicki Derbyshire和Desiree von Tell帮助翻译这本书，还有我的朋友Stewart Daykin，是他对语言文字和内容做了最终检查。

Ulf Bruder
Karlskrona，Sweden

➡ 目 录

第 1 章　聚合物和塑料

　　有时候你可能会问：聚合物和塑料到底有什么区别？答案很简单：没有区别，因为它们就是同一种东西。聚合物的英文名称"polymer"来源于希腊语"poly"（意思是许多）和"more"或"meros"（意思是个体，单体）。

　　在线百科全书维基百科（www.wikipedia.org）对聚合物定义如下："聚合物是一种长链化合物，其长链由很小的重复单元、单体组成。在有机化学中，聚合物链不同于其他链状分子，因为聚合物的链长比它们（例如醇或有机酸）的长得多。单体转化为聚合物时发生的反应就叫作聚合反应。工程材料中的聚合物日常来讲就是塑料。

　　提到塑料，我们指的是以聚合物为主，通常添加如着色剂或软化剂等各种添加剂以达到所需性能的工程材料。高分子材料通常分为橡胶材料（弹性体）、热固性塑料和热塑性塑料。"

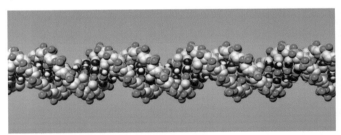

图1　聚合物是单体分子相互结合形成的长链大分子。一个聚合物链中可能有几千个单体分子。

　　大多数聚合物是人工合成的，但也有天然聚合物，如已被人类使用数千年的天然橡胶和琥珀。

　　天然聚合物还包括蛋白质、核酸和DNA。另外，纤维素作为木材和纸张的主要成分，也是天然聚合物。

　　换句话说，塑料是由在长链中相互结合的单体分子组成的合成材料。如果聚合物链是由一个单体聚合而成，则该聚合物为均聚物（homopolymer）[1]。

图2　琥珀是天然的聚合物。5000万年前这只蚊子被困在松脂里而形成这块石头，这对我们在思考自然界中某些聚合物的分解时会有所启迪。

　　如果聚合物链中有多种单体，则该聚合物为共聚物（copolymer）。但也有一种聚合物既可作为共聚物又可作为均聚物，那就是缩醛（acetal）。缩醛通常被称为聚甲醛（polyoxymethylene，POM），主要是由甲醛单体组成。甲醛中的基本成分（即原子）为碳、

---

[1] 本书英文版原文为 polymer homopolymer。

氢和氧。

　　大多数塑料材料由有机单体组成，但在某些情况下也可以由无机酸组成。例如由硅树脂组成的聚硅氧烷就是一种无机聚合物，其聚合物链由硅原子和氧原子组建而成。

　　碳和氢是塑料中的另两种主要成分。除了上述碳（C）、氢（H）、氧（O）和硅（Si）元素以外，塑料通常还包括另外五个元素：氮（N）、氟（F）、磷（P）、硫（S）和氯（Cl）。

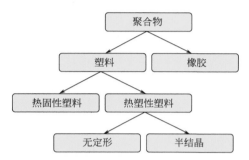

图4　橡胶生胶或者天然橡胶是几千年来一直被人类所使用的天然高分子材料。1839年美国的查尔斯·固特异（Charles Goodyear）发明了硫化法，该方法是将天然橡胶与硫混合，在高温和压力下混合物的分子链发生交联。这一工艺非常显著地改善了橡胶的性能。

图3　合成聚合物分成塑料和橡胶，塑料又分为热固性塑料和热塑性塑料。其中热塑性塑料又分为无定形和半结晶塑料❶。

　　实际应用中人们极少使用纯聚合物。通常会添加不同的添加剂（改性剂）来改变材料性能。常见的添加剂包括：

● 表面润滑剂（便于脱模）；
● 热稳定剂（改善加工工艺）；
● 着色剂（通常叫做色母粒）；
● 增强剂如玻璃纤维或碳纤维（用来增加刚度和强度）；
● 抗冲击或增韧改性剂；
● 紫外线改性剂（防紫外线）；
● 阻燃剂；
● 抗静电剂；
● 发泡剂（如EPS、发泡聚苯乙烯）。

热固性塑料

　　在热固性塑料以及橡胶中，分子链之间会发生结合反应，这种反应被称为"交联"。这些交联点结合力很强，受热时交联点不会断裂，因此材料不会被熔化。

---

❶ 我国通常将聚合物分为塑料、橡胶、纤维等。

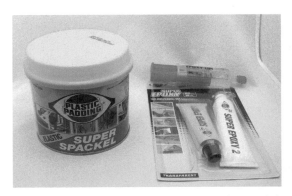

图5 塑料填料，或称之为双组分胶黏剂(AB胶)，在很多家庭都很常见。这两种成分相互混合后会发生化学交联反应使材料变硬。其中的一种组分因此被称为"硬化剂"，在这个实例中，反应发生在大气压下，被称为低压反应。

图6 聚氨酯可以同时存在于热固性塑料和热塑性塑料中。它也可以制成图中所示的各种或软或硬的泡沫块。

热固性塑料既有液体形态也有固体的形态，并且在某些情况下，可采用高压方法制备。一些常见的热固性塑料包括：

- 酚醛塑料（用于平底锅手柄）；
- 三聚氰胺（用于塑料层压板）；
- 环氧树脂（用于双组分胶黏剂）；
- 不饱和聚酯（用于船体）；
- 乙烯基酯（常用于汽车车身）；
- 聚氨酯（用于鞋底和泡沫）。

许多热固性塑料具有非常优良的电气性能，并且能承受较高的工作温度。添加玻璃纤维、碳纤维或芳纶纤维后可以使它们变得非常坚硬。但其主要缺点是加工速度较慢，材料或能源回收再利用困难。

热塑性塑料

热塑性塑料的优点是受热即能熔化。易于用各种方法对其进行加工，例如：

- 注射成型（热塑性塑料最常用的加工方法）；
- 吹塑成型（用于制作瓶子和中空制品）；
- 挤出成型（用于管材、管道、型材、电缆）；
- 吹膜成型（比如塑料袋）；
- 滚塑成型（用于大型中空产品，如集装箱、浮标和交通锥）；
- 真空成型（用于包装、嵌板和保护盒）。

热塑性塑料可以被反复熔融多次。因此，塑料产品使用后的回收再利用是非常重要的。这些商品在性能变差之前，通常可以回收七次。但就工程学和保持塑料性能来说，通常建议最多添加30%的再生料以确保新材料的力学性能不受明显的影响。如果不能在新产品中使用再生塑料，通过焚烧进行能源回收往往也是一个合适的选择。然而，还有另一种选择称为化学回收，但是这一过程由于与原始制造材料相比成本过高而尚未普及。

图7 现在许多家庭都在分类整理他们的垃圾，以便塑料瓶、袋子、薄膜和其他塑料产品可以回收利用。

图8 废弃的热塑性产品可以回收利用。这些由Polyplank公司回收制造的隔音屏是一个很好的例子。
来源：Polyplank AB

无定形和半结晶塑料

如前面图3所示，热塑性塑料可根据塑料结构分为两大类，即无定形和半结晶态。玻璃是我们生活环境中另一种常见的无定形材料，而金属具有晶体结构。无定形塑料加热后可以软化，类似于玻璃，所以其可以热成型。无定形材料没有特定的熔点，所以当分子链开始移动时的温度就被称为玻璃化转变温度（T_g）。而半结晶塑料以不同的方式软化，是在熔点（T_s）处从固体转变为液体。

图9 热塑性聚酯（PET）既可以作为应用于如饮料瓶等的非晶塑料，又可以作为应用于如熨斗的半结晶塑料。

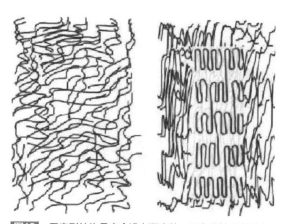

图10 无定形结构是完全没有顺序的，而在半结晶塑料中，分子链排列成有序的层（片层）。

一般来说，半结晶塑料比无定形塑料能更好地承受高温，并且具有更好的耐疲劳性和耐化学品性。它们对应力开裂也不敏感。半结晶塑料更像金属，比无定形塑料具有更好的弹性。无定形塑料可以完全透明并且可以热成型。一般来说，它们与半结晶塑料相比，具有成型时和成型后收缩较少、翘曲变形更小的优点。

对塑料产品的设计者和加工者来说清楚地了解所使用的材料类型是非常重要的，因为无定形和半结晶材料在加热时会表现出不同的特性，并且需要不同的工艺参数。

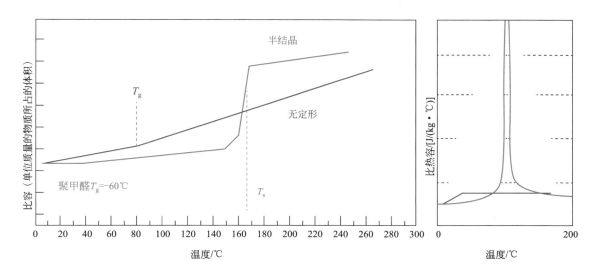

图11、图12 在加热状态下无定形材料的比容在玻璃化转变温度（T_g）上下都呈线性递增。半结晶材料也具有玻璃化转变温度，因为没有100%结晶度的塑料。在熔点（T_s）附近，比容显著增加。对于聚甲醛这一材料，熔点附近比容增加相比之前相差约为20%，这就说明了聚甲醛注射成型时的高收缩率。无定形材料没有熔点并且收缩率明显较小。从右图（图12）比热容图上看到，无定形材料提高温度一摄氏度所需要的能量在玻璃化转变温度T_g以上保持恒定。而半结晶材料需要显著增加能量（所谓的比热容）以实现熔点，将材料从固体转化为液态。这就导致了注射成型加工时的问题，因为当半结晶塑料在模具中的喷嘴或热流道中凝固冻结时，它需要非常大的能量输入。有时必须用喷灯来熔化气缸喷嘴中的冷料。

第 **2** 章 通用塑料商品

聚乙烯（PE）

聚乙烯是半结晶塑料制品，英文名为polyethylene或polyethene，缩写为PE。它是最常用的一种塑料，全球每年产量为6000多万吨。1939年，英国帝国化学工业集团（ICI）在市场上推出"低密度"聚乙烯（LDPE）。

> **化学结构**
>
> 聚乙烯具有非常简单的结构，仅由碳和氢组成。它属于一类被称为烯烃的塑料。烯烃的特征在于其单体具有双键，并且非常活跃。乙烯的化学结构，即PE中的单体，是C_2H_4或$CH_2=CH_2$，其中"="符号表示双键。聚乙烯化学结构式为：

图13 PE成为主要商品的一个原因是其作为包装材料的广泛使用。图中所示为LDPE制成的塑料袋。

分类

聚乙烯可以根据其密度和聚合物链上的横向侧链分为以下几种：

- UHMWPE——超高分子量聚乙烯；
- HDPE——高密度聚乙烯；
- MDPE——中密度聚乙烯；
- LLDPE——线型低密度聚乙烯；
- LDPE——低密度聚乙烯；
- PEX——交联聚乙烯。

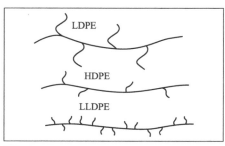

图14 当将乙烯聚合成聚乙烯时，有多种方法可以在分子链上产生或多或少的侧链。较少数量的侧链中链和链之间可以更密集地被压紧，因此会具有更高的结晶度、分子量和密度。HDPE只有少量或几乎没有侧链，因此也称为线型聚乙烯。

性能

+ 成本低，密度低   + 优异的耐化学品性

+ 可忽略的吸湿性　　　　　　　+ 易于着色
+ 可接触食品的级别　　　　　　– 刚度和拉伸强度较低
+ –50℃以下仍具有高弹性　　　– 不能承受高于80℃的温度
+ 优异的耐磨性（UHMWPE）　　– 难以喷涂

聚乙烯的力学性能主要取决于侧链的分布、结晶度和密度，即聚乙烯的类型。

回收

聚乙烯是回收利用率最高的塑料材料之一。我们使用的许多包装袋、垃圾袋和宠物犬粪便袋都是由再生聚乙烯制成的。如果在能源生产中使用回收材料，其能源含量与石油是相当的。当产品涉及使用回收材料的时候，会使用右侧标识做标记❶。

应用领域

① UHMWPE　主要通过挤出做成管道、薄膜或片材进行加工。

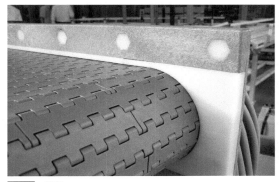

图15　滑轨

UHMWPE具有优异的耐摩擦和磨耗性能，适用于苛刻的工业应用，如图中用于灰色聚甲醛输送带的白色滑轨。

图16　垃圾箱

HDPE生产成本低并且易于成型，可制备大型产品。

② HDPE　可用于注塑、吹塑、挤出、吹膜和滚塑成型。

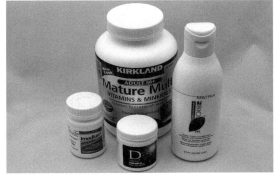

图17　桶和瓶子

HDPE适用于吹塑成型并且符合食品行业标准。

图18　软管

HDPE适用于挤出成型。制成的水管坚韧结实，可用于输送饮用水，并能承受水管使用时主供水系统的压力。

---

❶ 本书英文版原文误印成 LDPE 为 2 号、HDPE 为 4 号。

③ LDPE 适用于吹膜和挤出。

很大一部分聚乙烯被用于吹膜。如果一种膜材料柔软有弹性，那么它不是由LDPE，就是由LLDPE制成的。LLDPE也被用于提高LDPE薄膜的强度。而杂货店里那种触碰时有沙沙声的免费袋子，可能就是由HDPE制成的。

图19 垃圾袋
低密度聚乙烯（LDPE）非常适用于吹膜，是各种包装袋、塑料袋和建筑薄膜中最常用的材料。

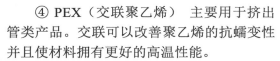

图20 电缆护套
LDPE被用于挤出成型高压电缆护套。

④ PEX（交联聚乙烯） 主要用于挤出管类产品。交联可以改善聚乙烯的抗蠕变性并且使材料拥有更好的高温性能。

甚至可以将乙烯与极性单体进行共聚继而获得一切所想要的产品，从黏性产品（如熔胶）到坚韧的薄膜，再到像高尔夫球一样有耐冲击的硬壳的产品。

图21 PEX制成的管道可以抵抗高温（120℃）和压力，适用于清洁设备或洗衣机的热水输送管道。

常见的共聚物是EVA（乙烯-乙酸乙烯酯）。通过将乙酸乙烯酯（VA）的含量从2.5%变化到95%，便可以控制性能并生产一系列不同类型的材料。增加VA的含量可以得到更高的透明度和韧性。

EVA的典型用途有胶黏剂、地毯底层、绝缘电缆、色母粒载体、拉伸膜以及用于纸板和纸张的薄膜涂层。

聚丙烯（PP）

聚丙烯是半结晶制品，通常简称为PP，是继LDPE之后市场上的第二大类塑料产品。

聚丙烯是在1954年被两位独立研究员齐格勒和纳塔几乎在同一时段发现的，继而两人在1963年共同获得诺贝尔奖。

1957年意大利化学公司Montecatini在市场上推出了该材料。

聚丙烯的聚合既能控制结晶度，又能控

> **化学结构**
>
> PP结构简单，与PE一样，仅由碳和氢组成。它也属于烯烃。
>
> 聚丙烯由碳原子链构成，其每隔一个碳原子键合到两个氢原子上并且每隔一个碳原子键合到氢原子和甲基上。单体结构式为：
>
> $$H_2C=CH$$
> $$\quad\quad\;\; CH_3$$
>
> 聚丙烯结构式为：
>
> $$\begin{array}{c} H\;\;H\;\;H\;\;H\;\;H\;\;H \\ | \;\;\; | \;\;\; | \;\;\; | \;\;\; | \;\;\; | \\ -C-C-C-C-C-C- \\ | \;\;\; | \;\;\; | \;\;\; | \;\;\; | \;\;\; | \\ CH_3\,H\;\;CH_3\,H\;\;CH_3\,H \end{array}$$

制分子大小。也可以将聚丙烯与其他单体（例如乙烯）共聚。

根据不同的聚合方法，聚丙烯可以聚合成均聚物、无规共聚物或嵌段共聚物。聚丙烯可以与弹性体（例如EPDM）混合，也可以用滑石粉（即碳酸钙粉末）填充，还可以与玻璃纤维共混以增强性能。通过这样的方式聚丙烯可以获得比其他材料所能达到的更广泛的等级和特性。某些等级的聚丙烯可以承受100℃的长期使用温度及高达140℃的最高使用温度，因此也可以将其归类为工程塑料。

性能

+ 成本低，密度低
+ 优良的耐化学品性
+ 不吸湿
+ 可接触食品的级别

+ 抗疲劳性强
- 抗紫外线能力差（未经改性过的聚丙烯）
- 低温脆性（未经改性过的聚丙烯）
- 耐划伤性差

图22　耐用的防水地板
通过加入各种功能的增强剂，我们可以利用PP制造新的复合材料，如图中由Bergo Flooring公司制造的船甲板。

图23　汽车电池
聚丙烯具有优良的耐化学品性，耐强酸，是制造汽车电池外壳的优良材料。

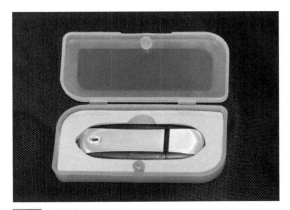

图24　铰链盒
PP广泛应用于盒子、浴盆和塑料板条箱中。PP铰链几乎是坚不可摧的。

图25　狩猎步枪的枪托
玻璃纤维增强的聚丙烯具有聚酰胺的刚性和冲击强度，但缺乏聚酰胺的耐温性。
来源：Plastinject AB

9

回收

聚丙烯的回收优选通过材料直接回收，其次是通过焚烧来进行能源提取。PP 的回收标识是一个三角形的回收符号，中间有个数字5或者 **> PP <** 的技术型号。

聚氯乙烯（PVC）

聚氯乙烯是一种无定形塑料，缩写为PVC。它是第三大塑料类型，每年产量超过2000万吨。

PVC是在19世纪发现的，但直到1936年才开始投入商业生产，当时美国的联合碳化物公司（Union Carbide）将这种材料作为电缆制造中橡胶的替代品。

在PVC的生产中，可以用不同的聚合方法，从而在复合阶段得到比任何其他材料都大的性能变化，可以从非常柔软（例如橡胶软管）到非常坚韧（例如下水管道）。

PVC通常被分为三种不同的类型：硬质的、半硬质的和软质的。

> **化学结构**
>
> PVC结构简单，但与其他基础塑料不同之处在于，除了碳和氢以外，链中还有氯。PVC由与两个氢原子、另一个氢原子和一个氯原子交替键合的碳原子链等构成。其单体结构式如下：
>
> $$H_2C\!=\!\underset{\underset{Cl}{|}}{CH}$$
>
> PVC结构式：

性能

+ 材料成本低、密度低
+ 优良的耐化学品性
+ 不吸湿
+ 抗微生物
+ 良好的长期强度

+ 可接触食品的级别
+ 自熄（非半硬质型）
+ 良好的抗紫外线性
– 分解过程中会形成盐酸（火/燃烧）

图26 下水管道
PVC具有优良的耐化学品性和长期耐久性。约80%的PVC用于建筑方面。

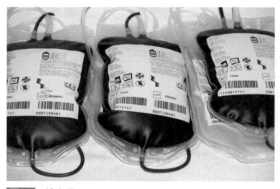

图27 输血袋
卫生服务中的许多一次性产品是用柔性PVC制成的。

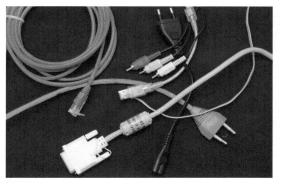

图28　电缆
半硬质PVC是电缆护套中使用的主要材料。

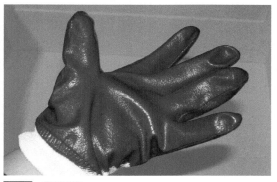

图29　橡胶手套
防护手套和防雨服通常由软质PVC制成。

回收

PVC的回收最好是通过材料回收，其次是焚烧能源提取，塑料工业正在大力投资以增加回收量。

PVC的回收标识是一个三角形的回收符号，中间有个数字3。

聚苯乙烯（PS）

聚苯乙烯是一种透明的无定形塑料，缩写为PS。聚苯乙烯历来是生产成本最低的塑料，广泛应用于一次性产品。

聚苯乙烯在1839年被发现，但直到1931年，才由德国IG Farben公司发起，被商业化生产。

1959年开发的苯乙烯为EPS。陶氏（Dow）舒泰龙泡沫塑料（Styrofoam）是膨胀型苯乙烯最知名的品牌。

分类

苯乙烯的聚合物是透明、坚硬、具有高光泽度的塑料。但不幸的是，它很脆、易碎。

如果牺牲透明度和刚度，它可以与5%～10%丁二烯橡胶（BR）混合得到高冲击聚苯乙烯（HIPS），冲击强度高达标准聚苯乙烯的五倍以上。

聚苯乙烯除了可以与其他聚合物混合以外，也可以与其他单体共聚以提高耐热性、冲击强度、刚度、加工性和耐化学品性等性能。一些常见的苯乙烯塑料有：

- 丁二烯塑料（SB）；
- 丙烯腈-苯乙烯-丙烯酸酯（ASA）；
- 丙烯腈（SAN）；
- 丙烯腈-丁二烯-苯乙烯（ABS）。

> **化学结构**
>
> 聚苯乙烯是由石油生产的液态烃苯乙烯单体制造的。聚苯乙烯中苯乙烯单体的化学结构式为：
>
> $$H_2C=CH-\phi$$
>
> 这里的"="是双键，六边形是由六个碳原子组成的苯环。环的每个碳原子也与氢原子结合。聚苯乙烯具有不规则结构，其聚合物链结构式是：

11

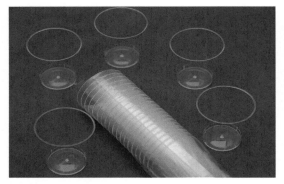

图30　一次性杯子
许多一次性用品都是用聚苯乙烯制造的。

图31　CD盒
CD盒是一种典型的聚苯乙烯产品。

性能

+ 材料成本低
+ 透明度高（88%）
+ 可忽略的吸湿性
+ 可接触食品的级别
+ 高硬度和高表面光泽度

– 脆
– 耐化学品性差
– 软化温度低
– 如果长期暴露户外会变黄

回收

聚苯乙烯是一种容易回收再利用的材料，回收标识为 。

应用领域

聚苯乙烯可以用于注塑和挤出。挤出的片材可以真空成型。

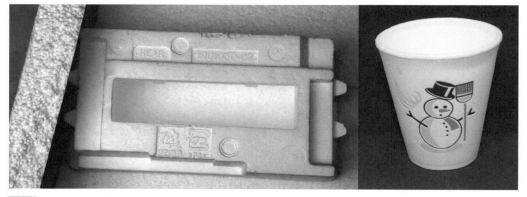

图32　部分聚苯乙烯塑料泡沫（EPS）
这种材料的体积大约是常规聚苯乙烯的80倍，通常用作建筑工业的保温材料，也可以用作一次性杯子、电子产品减震包装。除此之外还可以用作浮子。
EPS也可以被挤出成片状薄膜。较厚的薄膜可以采用热压方式用于鸡蛋盒、肉盘和其他食品的包装。

苯乙烯-丙烯腈（SAN）

SAN是属于苯乙烯系列的一种无定形塑料。相对于聚苯乙烯该材料具有更高的强度、显著提高的耐化学品性（例如对脂肪和油），但其对应力开裂的敏感性低于聚苯乙烯。与PS相比，SAN具有稍高的工作温度，并且还具有更好的户外耐久性。它在某些产品中被用来代替玻璃，通常用于化妆品工业的包装。其他应用领域包括家居用品、牙刷手柄、冰箱内饰和一次性医疗产品。正确的回收标识是
> SAN <。

> **化学结构**
>
> SAN是两种单体的共聚物，通常含有24%丙烯腈（右边的基团）。

图33　抽屉、架子和其他冰箱内部透明部件都是由SAN制造的。它原来的颜色有点发黄，但可以通过添加蓝色颜料调整。

图34　SAN具有良好的耐化学品性，是玻璃的优良替代品，广泛应用于透明化妆品瓶类。

丙烯腈-丁二烯-苯乙烯（ABS）

丙烯腈-丁二烯-苯乙烯是一种无定形共聚物，缩写为ABS，所以通常被称为ABS。ABS于1948年被引入市场。

ABS是在聚丁二烯（乳胶）存在下通过共聚丙烯腈和苯乙烯而制造的。丙烯腈含量越高，强度越高，耐化学品性越好，但同时意味着丁二烯含量越少，冲击强度越低。

苯乙烯具有很高的表面光泽度和良好的加工性能，并且其加入使ABS获得了具有吸引力的价格。

> **化学结构**
>
> ABS是一种由单体组成的共聚物：
>
> $H_2C=C-C\equiv N$
>
> 丙烯腈
>
> 苯乙烯　　丁二烯
>
> 聚合物ABS包含15%～30%丙烯腈，5%～30%丁二烯和40%～60%苯乙烯。

ABS共混合金

除了能够通过改变单体浓度来控制ABS的性能之外，还可以通过与某些工程塑料共混来进一步改善其性能。聚碳酸酯+ ABS（PC/ABS）或聚酯+ ABS（PBT/ABS）是标准共混物，称为"塑料合金"。与纯聚碳酸酯（PC）或聚酯（PBT）相比，这些共混物的价格更

低，甚至可以进行阻燃。

　　PC/ABS共混物结合了两种塑料的优点，并且导致材料具有比纯ABS更好的流动性能、更好的耐高温和抗紫外线性能。此外，PBT/ABS混合物在高温下比纯ABS可提供更好的耐化学品性能（包括汽油）和尺寸稳定性。在汽车工业中，PBT/ABS的共混物正在取代ABS、PP和PC/ABS，由于哑光表面比其他塑料提供了更好的织纹表面，这在内饰板等方面是非常受欢迎的。

性能

+ 较好的结合刚度、强度和韧性
+ 良好的电绝缘性
+ 在压力下尺寸稳定
+ 不吸湿
+ 良好的表面光泽度
+ 容易着色和喷涂

+ 适合镀铬
+ 可以制成透明制品
– 耐热性较差
– 对应力开裂敏感
– 抗紫外线能力差
– 耐溶剂性较差

回收

　　ABS是理想的可回收材料。正确的回收标识是 **> ABS <**。有时包装标识显示为，但这并不表示使用的聚合物的类型。

应用领域

　　ABS可以用于注塑和挤出。挤出的片材可以真空成型。

　　ABS是最适合镀铬的塑料。在镀铬过程中，使用蚀刻来去除表面上的小的腈颗粒，从而形成小坑。然后铬渗入小坑中，在金属表面和ABS表面之间有很好的附着力。除了更为美观外，产品的抗划伤性能也有很大提高。甚至PC/ABS共混合金也可以镀铬。车门把手，还有其他一些产品，都是由镀铬的PC/ABS共混合金制成的。

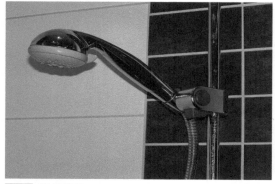

图35 镀铬花洒
许多由镀铬ABS制成的产品看起来就像是由金属制成的一样。

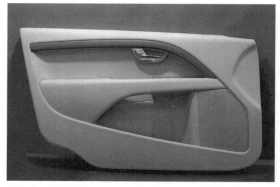

图36 汽车门板
许多汽车门板和仪表板等大型零件是用ABS制造的。

图37　办公器材
ABS是办公设备、计算机和电视机外壳的常用材料。

图38　乐高积木
乐高和其他颜色鲜艳的塑料玩具也是由ABS制成。

聚甲基丙烯酸甲酯（PMMA）

　　大多数人不知道术语"PMMA"是什么，但如果你说"Plexiglas"，这是最有名的品牌，那么每个人都会知道你说的是什么了。

　　PMMA是一种非晶透明丙烯酸塑料。1933年，德国的Rohm&Haas（罗门哈斯）公司将PMMA产品命名为"Plexiglas"，作为玻璃的替代品向市场上推出。

　　PMMA的密度为1.15～1.19g/cm³，低于玻璃密度的一半。这种材料在第二次世界大战期间用于飞机座舱舱盖，取得了突破性进展。

　　通常PMMA不是单独使用，而是通过加入各种添加剂来改善如下性能：

- 热稳定性和加工性能；
- 韧性；
- 较高的工作温度；
- 紫外线稳定性。

与聚苯乙烯相比，PMMA具有更好的抗冲击性和抗紫外线能力。

与聚碳酸酯相比，PMMA具有较低的抗冲击强度，但具有更高的性价比。与玻璃相比，PMMA透明度高、重量轻、耐冲击性好，但耐划伤性差。

　　市场上作为原料供应的PMMA有用于注射成型或者挤出成型的塑料粒子原料，也有被制成如片材、棒材或管材的半成品。

> **化学结构**
>
> 　　聚甲基丙烯酸甲酯由单体甲基丙烯酸甲酯组成，它具有以下结构：
>
> $$H_2C = C \begin{matrix} CH_3 \\ C = O \\ O \\ CH_3 \end{matrix}$$
>
> PMMA被形象地描述为：
>
> （化学结构示意图）

性能

+ 非常高的透明度（透光率98%）　　　　+ 非常好的抗紫外线能力

+ 高刚性和表面硬度　　　　　　　　　　+ 良好的光学性能

+ 可用于植入物　　　　　　　　　　－ 抗应力开裂性低
－ 高热膨胀系数　　　　　　　　　　－ 耐溶剂性差
－ 耐划伤性差　　　　　　　　　　　－ 熔体黏度高（难以填充薄壁）

回收

PMMA可以很容易地被回收利用，回收码由 **> PMMA <** 表示。

应用领域

PMMA可以注射成型和挤出成型。PMMA中的半成品可以用传统的机加工来加工。PMMA应用在激光打标上优于聚碳酸酯和聚苯乙烯。

图39　PMMA用于反光物品中效果很好。

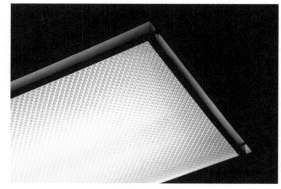

图40　PMMA广泛用于照明行业，如荧光灯管屏幕。

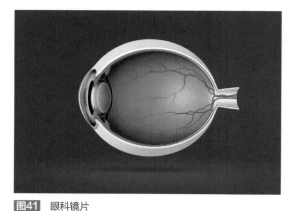

图41　眼科镜片

PMMA与人体高度相容，因此被用于植入物。由于其非常好的光学性能，PMMA用于手术中插入眼内的人造晶状体。

图42　运动场上的防护玻璃

曲棍球场周围的防护玻璃屏蔽墙通常由PMMA制成，因为该材料具有高透明度和足够的韧性。

第**3**章 工程塑料

聚酰胺或尼龙

聚酰胺是半结晶工程塑料，用PA表示。有多种不同类型的聚酰胺，其中PA6和PA66是最常见的。聚酰胺是第一种在市场上被推出的工程塑料。由于广泛应用于汽车行业，因此其也是生产规模最大的工程塑料。

聚酰胺是杜邦（DuPont）公司于1934年在美国发明的，最初以商品名尼龙命名，用作降落伞和妇女丝袜的纤维。

几年之后，注塑级原料被推出。尼龙成为一个总称；杜邦公司失去了商标命名权，目前以Zytel的商品名销售其聚酰胺。来自巴斯夫（BASF）的Ultramid、来自德国朗盛（Lanxess）的Durethan和来自荷兰帝斯曼（DSM）的Akulon是市场上其他一些知名的商品名称。

> **化学结构**
>
> 聚酰胺可用于许多变体，标记为字母数字，例如，PA66表明构成单体的分子中的碳原子数目。PA6是最常见的聚酰胺类型，具有最简单的结构：
>
> $$\left[NH-\overset{\overset{O}{\|}}{C}-(CH_2)_5\right]_n$$
>
> PA66具有由两个不同分子组成的单体，其中每个分子具有六个碳原子，如下所示：
>
> $$\left[NH-(CH_2)_6NH-\overset{\overset{O}{\|}}{C}-(CH_2)_4\overset{\overset{O}{\|}}{C}\right]$$
>
> 酰胺基　　　　　羧酸基

分类

聚酰胺的发展集中于改善高温性能和减少吸水性。这导致聚酰胺有了许多变种，除了PA6和PA66之外，还有以下类型：PA666、PA46、PA11、PA12和PA612。大约十年前，引入了芳香族"高性能"聚酰胺，通常称为PPA，即聚邻苯二甲酰胺。最新的发展趋势是由长链单体制成"生物聚酰胺"，例如PA410、PA610、PA1010、PA10、PA11和PA612。

性能

+ 优异的高温刚度（玻璃纤维增强尼龙）
+ 使用温度高：持续120℃，短时峰值温度可达180℃

+ 良好的电气性能
+ 可接触食品的级别
+ 可制成阻燃剂
– 会吸收空气中多余的水分，从而改变其力学性能和尺寸稳定性
– 如果不进行改良会在低温下有脆性

图43 聚酰胺具有良好的电气性能、高操作温度和阻燃性能（达到UL V-0分类）。因此这种材料可用于电气元件，如保险丝、断路器、变压器外壳等。
来源：DuPont

力学性能	DAM	Cond.	单位
刚度（拉伸模量）	3100	1400	MPa
拉伸应力（屈服）	82	53	MPa
屈服伸长率	4，5	25	%
简支梁缺口冲击强度 +23℃/30℃	5，5	15	kJ/m²
简支梁缺口冲击强度 –30℃	4，5	3	kJ/m²

图44 该表显示了在DAM（干态，DAM=dry as molded）下以及在23℃和50%相对湿度（湿态，Cond.＝Conditioned material）下吸收2.5%湿度之后的PA66标准质量的力学性能。刚度降低了65%，抗拉强度降低了35%，韧性（伸长率）增加了5倍。室温下的冲击强度增加三倍，但在低温时下降了33%。
来源：DuPont

回收

对PA来说，材料回收利用是首选，虽然靠焚烧来获得能源也是一个选择。基本的回收标识是 **> PA <**，有时会显示附加信息。例如，含有30%玻璃纤维的PA66标记为 **> PA66 GF30 <**。

应用领域

聚酰胺可以通过注塑、挤出和吹塑来成型。

图45 汽车散热器的端部，用特殊的水解稳定等级的PA66模塑而成。
来源：Polykemi AB

图46 用于链锯的罩盖和汽油罐，采用抗冲击改性的聚酰胺制造，可耐受汽油、机油和低温下的粗暴搬运。

图47 汽车行业是聚酰胺的主要用户。图为第一个商用塑料油底壳中使用的玻璃纤维增强Zytel HTN PPA模块。这部分是用于梅赛德斯C级新型四缸柴油发动机上。戴姆勒最近赢得了石油工程师学会在动力系统类的"最具创新性的塑料使用奖"。
来源：DuPont

图48 手持电动工具几乎都具有由抗冲击改性聚酰胺制成的盖板，因为该材料能够经受粗糙处理并具有良好的电绝缘性能。

图49 汽车踏板中的金属已被耐冲击的玻璃纤维增强聚酰胺取代，因此重量大大减轻。
来源：DuPont

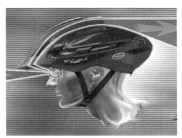

图50 这款内置镜子的头盔采用杜邦公司超硬PA66 Zytel ST 801制造。
来源：DuPont

图51 还有特殊的吹塑级聚酰胺。这种通气软管就是由PA66用这种方式制造出来的。

聚甲醛

聚甲醛是所有工程塑料中最具结晶性的材料。英文名为acetal，直译为缩醛，习惯简称为POM，出自polyoxymethylene。聚甲醛有两种类型：聚甲醛均聚物和聚甲醛共聚物。聚甲醛均聚物是由杜邦公司于1958在美国研制成功并投放市场的。两年后，美国的塞拉尼斯（Celanese）公司研制成功了聚甲醛共聚物。聚甲醛生产难度大，所以世界上只有少数几家制造商，三家主导市场的品牌分别是塞拉尼斯的Hostaform、杜邦的Delrin、巴斯夫的Ultraform。

尽管共聚物具有更好的耐热水性，但均聚物与共聚物相比具有更好的力学性能。在处理方面和价格方面，它们是差不多的。

化学结构

聚甲醛是由单体甲醛组成。在均聚物链中大约有1500个甲醛分子（红色标记）。对于聚甲醛共聚物，大约有2.5%的其他单体存在于聚合物链中（所谓的共聚物组，这里用蓝色标记）。

性能

+ 最坚硬的非增强工程塑料
+ 在−40~80℃的温度范围内，力学性能受影响很小
+ 不加冲击改性剂时韧性也很高
+ 高抗疲劳性
+ 良好的抗蠕变性
+ 优秀的弹性
+ 不吸湿，尺寸稳定性好
+ 良好的耐汽油和溶剂性
+ 优异的耐摩擦和磨耗性能
+ 可接触食品的级别
− 最高持续使用温度仅为80℃，短时峰值温度为120℃
− 相互摩擦时，会发出吱吱的响声（可以用润滑剂消除）
− 对应力集中（即尖角）敏感

图52 洗碗机的篮子上的轮子是由聚甲醛共聚物制成的，它比聚甲醛均聚物具有更好的耐热水性。

回收

虽然靠焚烧来获得能源也是一种选择，但对于POM还是材料回收比较好。其回收标识是 **> POM <**。

应用领域

聚甲醛可以通过注塑和挤出来成型。近年来，已经开发出可喷涂和镀铬的等级。

图53 由Delrin制成的高山滑雪板固定器
聚甲醛适用于滑雪板固定器，因为在固定器的使用温度范围内，其力学性能几乎不受温度影响。即释放力几乎恒定。
来源：DuPont

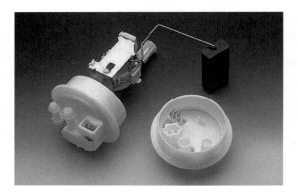

图54 由Delrin制造的汽油箱的量表
聚甲醛具有优异的耐汽油性（含或不含乙醇），并被汽车行业广泛用于燃料箱盖、填充管、仪表、燃油泵等。
来源：DuPont

图55　传送带的链节
聚甲醛优异的耐摩擦和磨耗性能对于这类应用非常有用。
来源：Flexlink AB

图56　齿轮和轮齿
聚甲醛是制造塑料齿轮的天然选择，因为它具有优良的耐疲劳性和低摩擦磨耗性能。

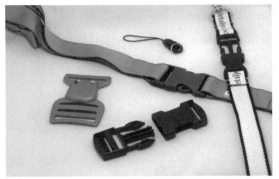

图57　卡扣
由于聚甲醛是工程塑料中最具结晶性的，所以具有最多的类金属特性。优秀的弹性特性非常适合各种类型的紧固件和夹子的设计。

图58　Delrin制造的医用设备
有些特殊等级的聚甲醛可以用于医疗应用，如吸入器和仪器。聚甲醛是可以被消毒的。
来源：DuPont

聚酯

聚酯是一类既可热固成型又可热塑成型的塑料的名称。热塑性聚酯可以是非结晶的，也可以是晶态的。在结晶类型中，有工程塑料PBT和PET，但也有更先进的塑料，如LCP和PCT（后续继续介绍）。本章主要介绍半结晶热塑性聚酯PBT和PET。

聚酯具备了高刚度、耐高温性和良好的电气性能，主要用于电子电气行业和汽车行业。然而，由于其最大的用途是用于纤维、包装和薄膜，因此所制造的所有聚酯中仅有很小部分用于注塑和挤出。

Carothers于20世纪20年代后期在美国杜邦实验室首次发现了聚酯（后来同样是他发明了尼龙）。然而，杜邦公司并没有将这种材料投放市场，直到1940年，德国Agfa公司才将它作为一种合成纤维推向市场。20世纪60年代中期，荷兰Akzo公司在荷兰推出了第一个注塑级产品，但作为一种工程塑料的真正突破最早出现在20世纪80年代。

聚酯PBT（PBT是化学名称聚对苯二甲酸丁二醇酯的缩写）是最容易加工的类型（它不需要与PET相同的极端干燥过程），因此在产量方面成为这两种材料中较大的一种。PBT

由塞拉尼斯公司于1970年在美国推出。PBT的领先制造商及产品分别是沙特基础工业公司（Sabic）的Valox、杜邦的Crastin、朗盛的Pocan、巴斯夫的Ultradur以及DSM的Arnite。

聚酯PET（PET代表聚对苯二甲酸乙二醇酯）比PBT具有更好的力学和热性能。但是，如果材料未经预干燥至水分含量小于0.02%（PBT要求0.04%，聚酰胺0.2%），则材料会非常脆。这在第一次推出时就带来了一些问题，因为很少有模具制造商有足够的知识和设备来加工这种难以干燥的材料。如今，干燥技术已经有很大的进步了，现在大多数模具制造商可以应对及加工PET。注塑级PET的领先制造商及产品分别是杜邦的RYNITE、DSM公司的Arnite、塞拉尼斯的Impet。

化学结构

聚酯PET具有以下简单结构的单体。在下面的化学式中由红色表示的原子组成的分子称为酯基，聚酯名称正是源于其单体名称。

PET

PBT的单体是以类似于PET的方式构建的，但是这里包括另外两个碳原子和四个氢原子。

图59 聚酯是一种可以产生很多变体的材料。图中所示为无定形PET制成的瓶子以及用玻璃纤维增强半结晶PET制成的熨斗。

性能

+ 良好的高温刚性（当用玻璃纤维增强时）
+ 尺寸稳定性（不像聚酰胺那样吸收水分）
+ PBT和PET的恒定使用温度分别为130℃和180℃，PBT和PET的短期峰值温度分别为155℃和200℃
+ 良好的电气性能
+ 良好的耐候性（紫外线）
+ 可被制成阻燃性产品
+ 高表面光泽
+ 可用色母粒制成各种美丽的颜色，可被喷涂和金属化
– 在80℃以上的热水中会降解（水解）
– 对强酸和碱、氧化剂和醇类的耐受能力差

回收

尽管通过焚烧提取能源也是一种选择，但对于聚酯PET和PBT来说，材料回收是最好的选择。注塑件的PET回收标识是 > PET <，当用于瓶子或包装时回收标识是 ♲。对于PBT，回收标识是 > PBT <。

应用领域

聚酯可以通过注塑、吹塑、挤出和吹膜成型。无定形PET片材可以用真空成型。

图60　烤箱手柄由特殊类型的彩色稳定聚酯PET制成，在高温下使用时不会变黄。PBT是烤箱旋钮最常用的材料。

图61　由于玻璃纤维增强PBT可以承受高温，尺寸稳定，表面光泽度高，可以进行金属化处理，因此已经成为减少金属边框重量的替代方案。

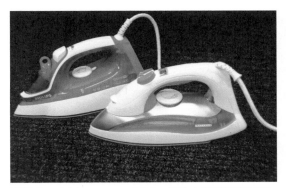

图62　熨斗中PET和PBT都有，因为它们可以承受高温，有明亮的颜色，并具有良好的表面光泽度。

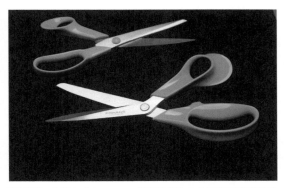

图63　菲斯卡（Fiskars，世界著名的专业刀具工艺设计品牌）剪刀上的橙色手柄由预先着色的PBT制成。他们对洗碗机安全并且防各种溶剂。

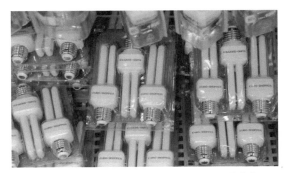

图64　低能量灯泡中的电子电路被封装在PBT外壳中。图片中灯泡的包装由真空成型的透明无定形PET片制成。

图65　PET和PBT都对太阳光的紫外线具有很好的耐受性，因此可用于户外应用。图中的太阳能电池框架长约一米，由Rynite PET制成。
来源：DuPont

图66 PBT和PET都有良好的电绝缘性能。这种小型电动机的外壳和转子是由玻璃纤维增强PET制成的。
来源：DuPont

图67 汽车和电气行业的电气触点元件通常使用PBT生产。PBT和PET流动性都很好，很容易填充进模具，因此用于生产非常薄的薄壁产品。
来源：DuPont

聚碳酸酯

聚碳酸酯是一种透明的具有优异抗冲击性能的无定形工程塑料，缩写为PC。该材料发明于20世纪50年代，1958年由德国拜耳公司以商品名称模克隆（Makrolon）投放市场。其他主要的聚碳酸酯生产商及产品名称有Sabic公司的Lexan、Dow公司的Calibre、DSM公司的Xantar。

化学结构

聚碳酸酯有一个非常复杂的单体单构，含有双芳香族（即苯环），如下面的化学式所示：

图68 大约三分之一的所制造的聚碳酸酯用于CD、DVD和蓝光光盘。

近年来，由于CD和DVD光盘、建筑工业中的抗冲击塑料玻璃以及汽车前灯的革命性发展，这种材料产量已经大幅度增长。产出的所有聚碳酸酯中有10%～15%用于与其他塑料共混，以获得良好的特性和价格。例如手机外壳中使用的PC-ABS，更适用于汽车生产线上烘炉硫化烤漆工艺的PC-PBT，以及比纯聚碳酸酯具有更好抗紫外线能力的PC-ASA。

性能

+ 高透明度（透光率89%）
+ 非常高的冲击强度（在低至-40℃的低温下）
+ 高工作温度（120℃恒定，145℃短期峰值负荷）

+ 吸湿性小，尺寸稳定性好
+ 比大多数其他塑料更低的模压收缩率
+ 良好的电气性能
+ 自熄V-2等级，可以添加添加剂以达到V-0等级
+ 可接触食品的级别
– 在恒定载荷下高度的应力开裂倾向
– 溶剂引发裂化
– 在60℃以上的热水中降解，但可以机洗（洗碗机）

回收

尽管通过焚烧提取能源也是一种选择，但对于PC来说，材料回收是最好的选择。回收标识是 **> PC <**。

应用领域

聚碳酸酯可以通过注射成型和挤出成型进行加工，可添加也可以不添加玻璃纤维。PC片材可以真空吸塑成型。

图69　聚碳酸酯具有较差的耐化学品性，可以从上图沙拉碗由醋引起的裂缝中看到。

图70　玻璃纤维增强聚碳酸酯挤出成型的管材既坚硬又坚固，可以承受强烈的冲击。

图71　汽车前照灯镜片由聚碳酸酯制成，涂有一层薄薄的聚硅氧烷，以提高耐划伤性，并且可以防紫外线和防溶剂。

图72　聚碳酸酯既耐冲击又适合喷涂，是一种很好的摩托车头盔材料。其护目镜也由聚碳酸酯生产。

第**4**章　热塑性弹性体

　　热塑性弹性体（TPE）是具有低弹性模量和高韧性的软质热塑性塑料。也称为热塑性橡胶，它们的韧性有时由邵尔A或邵尔D表示，同橡胶表征方式一致。它们的化学结构由热塑性硬链段和弹性软链段组成。与传统橡胶的关键区别在于分子链之间缺乏或只有非常轻微的交联。由于其适用于不同工艺（如注塑、挤出、薄膜和吹塑），大多数TPE在各种应用中都能作为经济高效的橡胶替代品。然而，从功能上看，橡胶在恒定负荷下具有较高的弹性和较低的压缩等优点。所有的热塑性弹性体对于材料回收都是理想的，不过焚烧提取能源也是一种选择。

　　TPE一般可分为以下几类：

- TPE-O，烯烃基弹性体；
- TPE-S，苯乙烯基弹性体；
- TPE-V，含硫化橡胶颗粒的烯烃基弹性体；
- TPE-U，聚氨酯基弹性体；
- TPE-E，聚酯基弹性体；
- TPE-A，聚酰氨基弹性体。

TPE-O

　　TPE-O（或TPO）热塑性弹性体（其中"O"代表"烯烃"）是聚丙烯和EPDM未硫化橡胶颗粒的混合物。由于它具有PP基体，TPO呈现半结晶结构。TPO基弹性体是目前最大和最具经济效益的TPE之一。热塑性弹性体是1970年进入商品市场的，一直领先的制造商分别是Elasto、Elastron、Exxon Mobile、So.F.teR和Teknor Apex。

　　通过在PP中混合10%～65%

化学结构

主要的TPO类型由聚丙烯和未交联的EPDM橡胶［乙烯-丙烯-二烯单体（Mclass）］单体组成。这些属性取决于单体单元，其中"n"可以是90%～35%，"m"可以是10%～65%。

PP

EPDM

的EPDM，可以得到很多不同性能的材料。在添加的混合物低于20%时，我们通常将材料称为改性PP，而添加60%以上EPDM时材料表现出更好的橡胶性能。TPE-O的回收码是**＞PP+EPDM＜**。

性能

+ 橡胶的高性价比替代品
+ 高弹性系数
+ 良好的抗撕裂性
+ 低温下具有柔韧性
+ 良好的表面光洁度
+ 良好的耐化学品性

+ 对UV有很好的稳定性
+ 易于加工
+ 可以着色
+ 可涂漆（需要底漆）
– 变形特性（即设定特性）不如橡胶

应用领域

　　TPO基弹性体可用于汽车、建筑和工程行业的各种应用，也可用于家居用品、鞋类和运动服装领域。

图73　汽车行业是TPE-O的最大市场，TPE-O通常用于保险杠、扰流板和内饰板。TPE-O具有足够的刚性，即使在低温下也具有良好的耐冲击性。它也可以涂在与汽车钣金件相同的表面上。

图74　TPE-O通常用于制造运动装备，例如鳍、口罩、呼吸管和其他潜水配件。TPE-O还用于运动鞋、滑雪靴、溜冰鞋、头盔、防护装备以及杆类、球拍、球杆等上的软把手。

TPE-S

　　TPE-S（或TPS）热塑性弹性体，其中"S"是"苯乙烯嵌段共聚物"的缩写，通常TPS热塑性弹性体基于SBS、SEBS（参见下面化学成分）。SBS可能拥有最大的市场，用于耐化学品和老化等不太重要的应用。SEBS具有更好的耐热性、力学性能和抗紫外线能力。

TPS弹性体自20世纪60年代开始投放市场，主要生产商有：API，ChiMei，Elasto，Elastron，Enplast，Kraiburg，Radichi，Ravago，So.F.teR，Styrolution，Teknor Apex和Uteksol。

TPE-S可以使用各种方法进行加工，如注塑、挤出、吹塑和吹膜。它的一个主要优点是可以使用热塑性塑料的标准加工机械。

回收标识是 **> SBS <**或**> SEBS <**。

性能

+ 硬度可以控制在很宽的范围内
+ 良好的耐磨性
+ 低温下柔韧性好
+ 可以变得透明
+ 良好的透气性和透湿性
+ 对UV有很好的稳定性
+ 易于加工
+ 比TPE-O更容易着色
+ 与多种热塑性树脂如PP、PS、ABS和PA具有良好的黏合性（用于包覆成型）
– 耐化学品性不如TPE-O

> **化学结构**
>
> SBS和SEBS基于具有硬链段和软链段的苯乙烯嵌段共聚物。在SBS中，苯乙烯末端嵌段赋予热塑性，而丁二烯的中间嵌段赋予橡胶类性能。在SEBS中，乙烯-丁烷分子提供弹性。
>
> $$\left[CH_2-CH\right]_x\left[CH_2-CH=CH-CH_2\right]_m CH_2-CH\right]_y\left[CH_2-CH\right]_x$$
> CH=CH_2
>
> **SBS**
> 聚（苯乙烯–嵌段–丁二烯–嵌段–苯乙烯）
>
> $$\left[CH_2-CH\right]_x\left[CH_2-CH_2-CH_2-CH_2\right]_m (CH_2-CH)_y (CH_2-CH)_x$$
> CH_2-CH_3
>
> **SEBS**
> 聚（苯乙烯–嵌段–乙烯–共–丁烷–嵌段–苯乙烯）

应用领域

基于TPS的弹性体广泛用于各种行业：汽车，日用品，建筑，医疗保健，鞋类，运动服装，电缆和工程。在其中一些产品中，TPE-O也可以是一种选择。

图75 "Crocs"卡骆驰的经典洞洞鞋、拖鞋、人字拖和橡胶靴通常由SEBS制成。其他鞋类行业的组件，如鞋底、鞋垫和鞋跟，也经常是SBS或SEBS制成的。

图76 用于工具、笔、刀和其他夹具的高摩擦软柄通常由TPE-S制成。许多TPS与其他热塑性塑料具有良好的黏合性，因此适用于多组分注塑（如双色模或者三色模）和混合挤出。

TPE-V

TPE-V（或TPV）热塑性弹性体，其中"V"代表"硫化"，是聚丙烯和动态硫化（交联）三元乙丙橡胶颗粒的混合物。如果混合物中的橡胶颗粒未交联，则热塑性弹性体是TPE-O或TPO（其中"O"代表"烯烃"）。由于TPV弹性体由PP基质组成，因此呈现半结晶结构。

基于TPE-V的技术在1962年获得专利，但在20世纪70年代和20世纪80年代才进一步发展。TPE-V的主要生产商是Elasto，Elastron，Enplast，ExxonMobil Chemicals，So.F.te.R.，Teknor Apex和Zeon Chemicals。

与TPE-O相比，TPE-V具有更好的力学性能、耐化学品性和更高的使用温度。

回收标识是 **> PP + EPDM <**。

性能

+ 硬度范围为20（邵尔A）～65（邵尔D）
+ 良好的耐磨性
+ 良好的抗撕裂性
+ 广泛的使用温度范围（–50～125℃）
+ 良好的耐化学品性
+ 优异的耐臭氧、紫外线和耐候性
+ 易于加工，对其他热塑性塑料有良好的附着力
+ 可以着色和喷涂（带底漆）
+ 虽然比橡胶差但比TPO和TPS耐疲劳性更好

> **化学结构**
>
> TPV材料由聚丙烯单体和动态硫化三元乙丙橡胶［乙烯-丙烯-二烯单体（Mclass）］组成，硬度取决于混合比例，可以在20（邵尔A）～65（邵尔D）之间变化。
>
> 结构式请参阅TPE-O。

应用领域

TPE-V广泛应用于汽车行业，用于密封门、波纹管、风管，以及电气和电子行业的户外电缆、连接器和太阳能电池板的配件。在工程、建筑和家电行业，TPE-V被用于各种密封件，例如冰箱和洗衣机门上的密封条。

图77 汽车的门窗密封通常由TPE-V制成，这主要归功于该材料具有优异的耐磨性和耐化学品性、室外耐用性以及在广泛的环境温度下具有的出色的密封性能。

TPE-U

被称为TPE-U或TPU的热塑性聚氨酯是部分结晶的。它以两种不同的变体出现，第一种基于聚酯，第二种基于聚醚。

拜耳公司于1940年首先推出了聚氨酯并应用在名为Perlon U的纺织纤维上。目前，拜耳以Desmopan的名称销售这种材料。其他领先的生产商和牌号是BASF（巴斯夫）的Elastollan，Merquinsa的Pearlthane和Pearlcoat。

基于聚酯的TPU具有优异的力学性能、优异的耐热性和耐矿物油性，而聚醚型具有优异的低温柔韧性和抗水解、抗微生物攻击性。

与热固性聚氨酯PUR相反，回收是TPE-U的理想选择。

回收标识是 > **TPU** <或 > **TPE-U** <。

性能

+ 可以用可再生原料生产   + 优异的耐磨性
+ 在低温下表现出色   + 高剪切强度
+ 高弹性   + 高透明度
+ 良好的耐油性   + 良好的耐水解性
– 比其他类型的TPE稍微难以加工

应用领域

由于TPE-U与其他材料的优异黏合性而广泛用于鞋底和其他鞋类组件。由于其良好的耐磨性和阻尼能力，也用于车轮和机械部件的胎面。该材料还可以代替橡胶用于挤出管，例如消防软管。

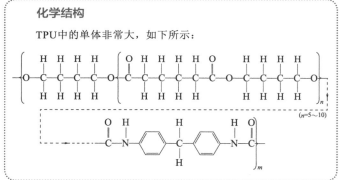

化学结构

TPU中的单体非常大，如下所示：

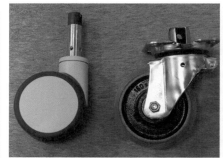

图78　TPU是脚轮紧凑型胎面中的主要材料，可直接注塑到其他塑料或金属轮上。

TPE-E

聚酯类热塑性弹性体的缩写通常是TPE-E或TPC-ET，但有时也使用TPE-ET和TEEE。它们都可以被分类为半结晶类，具有以下特征：优良的韧性和弹性，抗蠕变、冲击和挠弯曲疲劳，在低温下具有柔韧性，在高温下也保持其力学性能。

TPE-E于1972年由杜邦公司以商品名Hytrel推出。杜邦公司也是第一家使用可再生原料生产TPE-E的公司，也就是所谓的Hytrel RS，其中RS代表"可再生能源"。其他TPE-E生产商及其商品名包括Celanese的Riteflex，DSM的Arnitel，LG的Keyflex。

回收标识是 **＞ TPE-E ＜**或**＞ TPC-ET ＜**。

性能

+ 可以用可再生原料生产
+ 低温冲击强度高
+ 优秀的耐疲劳性
+ 在低温下具有柔性（工作温度范围为$-40℃\sim120℃$）
+ 温度的变化对刚度的影响可以忽略不计
+ 良好的声音和振动阻尼
+ 优异的耐油性和耐溶剂性
+ 易于加工，即使几何形状复杂
+ 由于其非常好的热稳定性而易于加工

> **化学结构**
>
> TPE-E或TCP-ET是由基于聚对苯二甲酸丁二醇酯的硬（结晶）链段和基于长链聚醚二醇的软（无定形，非结晶）链段组成的热塑性聚醚-酯嵌段共聚物。材料特性由软段和硬段之间的比例决定。
>
> $x=2,\ 4$
> 硬段=PBT（4GT）
>
> R=H，CH_3 Y=1，3 Z=8～50
> 软段=PTMEGT（PO4T）
>
> TPC-ET的结构是：
>
> $-(4GT)_x-PO4T-(4GT)_y-PO4T-(4GT)_z-PO4T$
> 硬　软　硬　软　硬　软

应用领域

TPE-E被广泛用于汽车行业的波纹管、风管和气囊盖。电气和电子行业将其用于电缆和连接器，也用于运动器材和滑雪靴。

图79 所罗门公司的"Ghost"滑雪靴是由Hytrel RS（一种杜邦的生物基TPC-ET）生产的。它由27%的可再生原料组成，但与纯粹由石油基原料制成的具有相同的性质。
来源：DuPont

图80 这些气囊盖由杜邦的高性能热塑性聚酯弹性体Hytrel DYM制造。该材料在低温（−40℃）和高温（110℃）下具有出色的柔韧性和高冲击强度。
来源：DuPont

TPE-A

酰氨基热塑性弹性体缩写为TPE-A或PEBA（其中PEBA代表聚醚嵌段酰胺）。该材料在结构上类似于聚酯TPE-E，在聚合物链中具有硬链段和软链段（参见下述化学结构）。与其他先进的热塑性弹性体相比，TPE-A具有更低的密度、更好的力学性能、更高的使用温度和更好的耐化学品性。该材料可以制成透明制品并具有永久的抗静电性能。由于其使用温度高（＞135℃），TPE-A有时会替代硅橡胶和氟橡胶。

TPE-A于1981年由Atochem以商品名Pebax在市场上推出。今天，Pebax由Arkema制造，Arkema也以Pebax Rnew的商品名推出了第一个生物基等级。其他制造商及商品名分别是Evonik与Vestamid E和EMS与Grilamid。

回收标识是 **> TPE-A <** 或 **> PEBA <**。

性能

+ 可以用可再生原料生产
+ 可以变得透明
+ 良好的耐化学品性
+ 优秀的强度和韧性
+ 良好的弹性恢复能力
+ 非常高的阻尼能力
+ 在低温下性能极好
+ 高使用温度
– 材料成本高

> **化学结构**
>
> TPE-A材料由非晶聚醚交替偶联到结晶酰胺段组成。聚醚链段可以基于聚乙二醇（PEG）、聚丙二醇（PPG）或聚丁二醇（PTGM）。聚酰胺片段可以基于PA6、PA66、PA11或PA12。聚醚和聚乙烯酰胺段的比率（可以从80/20变化到20/80）控制弹性体的硬度——从软（75邵尔A）到硬（65邵尔D）。
>
> 右侧结构式显示了一个典型的TYPE-A的结构，其中：
> X=聚酰胺
> Y=聚醚

应用领域

TPE-A制造的产品包括运动鞋、滑雪靴、滑雪护目镜、柔性软管、波纹管、"透气"薄膜、减震产品、"静音齿轮"、传送带以及像导尿管等医疗产品。

图81 具有"橡胶感"的软键是用TPE-A生产的，通常颜色鲜艳。该材料可以通过多种方法很好地着色，例如，色母粒、色粉和液体着色。还可以用多种方式打印，包括激光打印和"模内装饰"。

图82 TPE-A经常用于医疗应用。有生物相容性等级，可以消毒。该图显示了由低摩擦等级的TPE-A制成的导管。这种材料非常适合挤压成管材，然后用超声波焊接、镜面焊接、感应焊接和高频焊接等多种方法进行焊接。

第 **5** 章　特种工程塑料

先进的热塑性塑料

在日常用语中，我们将这种材料描述为"高性能"，即具有最佳性能的塑料。在开发属于这一类的材料时，我们应该考虑材料的哪些品质呢？

下面我们可以看到研究人员在改进工程塑料性能时可能会有的愿望清单：

- 改进替代金属的能力；
- 改进力学性能，如刚度、抗拉强度和冲击强度；
- 提高使用温度；
- 降低环境温度和湿度对力学性能的影响；
- 降低在荷载作用下蠕变的倾向；
- 改进耐化学品性（特别是考虑到汽车中使用的液体，如燃料、油、防冻剂、洗涤剂）；
- 改进阻燃性能；
- 改进电绝缘性能；
- 降低摩擦磨耗；
- 改进阻隔性能（主要是燃料和氧气）。

除了这些之外，任何新型材料还会被要求：

- 根据其材料的特性具有合理的价格；
- 易于使用常规机械加工；
- 便于回收。

具有碳纤维和芳族聚酰胺纤维的先进增强系统，或者具有所谓的纳米金属的涂层，也可以与先进聚合物结合使用，以实现上述目标。

为取代金属而设计的塑料有时被称为"结构材料"，显然其在未来将扮演着重要的角色，尤其是迄今为止，估计只有4%的潜在应用已被转换完成。

本章概述了以下半结晶高性能聚合物：

① 含氟聚合物（PTFE）；
② "高性能"尼龙（PPA）；
③ 液晶聚合物（LCP）；

④ 聚苯硫醚（PPS）；

⑤ 聚醚醚酮（PEEK）。

还包括以下非晶聚合物：

① 聚醚酰亚胺（PEI）；

② 聚砜（PSU）；

③ 聚苯砜（PPSU）。

回收

该组中的所有材料都可以回收利用，括号内的材料缩写（例如 **> PTFE <**）就是它们的回收标识。

含氟聚合物（PTFE）

这类半结晶塑料有许多变种，其中PTFE（聚四氟乙烯）是目前市场上份额最大的。这种材料是1938年杜邦公司研究人员在美国的实验室偶然发现的，同时试验了不同的制冷剂。该材料以商品名Teflon（特氟龙）推出，是所有塑料中具有最低的已知摩擦系数、最好的耐化学品性和最佳电绝缘性能的品种，可用于温度高达260℃的环境。

含氟聚合物家族中的其他材料包括PCTF、PVDF、PVF和共聚物FEP、PFA、E/CTFE、E/TFE、THF等。

 图83 特氟龙（聚四氟乙烯）平底锅就是一个很好的例子，它是利用PTFE优异的耐温度和耐化学品性以及低摩擦（"不粘"）而开发的产品。

性能

+ 卓越的耐化学品性

+ 极低的摩擦系数

+ 优秀的电气性能

+ 可承受极低的和极高的使用温度（－200～260℃）

+ 抗紫外线

+ 防火

+ 与人体组织相容

－ 耐磨性差

－ 不良的蠕变和低温流动性能

－ 高密度（高达2.3g/cm³）

－ 不能用常规方法加工

> **化学结构**
>
> PTFE具有简单的结构，在单体中仅由碳和氟原子组成：

应用领域

PTFE不能注射成型或吹塑成型。可以通过模压成型、挤出成型、然后进行烧结加工。PTFE也可以分散和用于表面涂层和薄膜制造。还可以通过压延来生产胶带。

然而，共聚物FEP可以通过注塑、挤出和吹塑在特殊机器中加工。

PTFE和其他含氟聚合物的独特性能使其非常适用于腐蚀性极强的环境（化学工业）中的管道、涂层和密封件。当需要低摩擦时，如自润滑轴承和低摩擦表面，或不粘的器具，如平底锅和烤箱，这也是一种非常好的材料。电子行业利用PTFE优异的电绝缘性能将其用于绝缘电缆和其他绝缘体。PTFE老化不明显，因此被医疗行业广泛使用，尤其是用于植入物。

"高性能"尼龙（PPA）

PPA是聚邻苯二甲酰胺（polyphthalamide）的英文缩写，由一组半结晶芳香族聚酰胺组成，与尼龙6和尼龙66相比，具有明显改善的力学、化学和温度特性。PPA吸水性也比PA6和PA66低得多，尺寸更稳定。这些材料也在某些数据库中被表示为PA6T/6，PA6T/66，PA6T/PI和PA6T/XT。

领先的制造商和商品名是杜邦的Zytel HTN、EMS的Grivory和Solvay的Amodel。

项目	单位	Zytel PA66 35%玻璃纤维增强		Zytel PA6 35%玻璃纤维增强		Zytel HTN51 35%玻璃纤维增强	
		Uncond.	Conditioned	Uncond.	Conditioned	Uncond.	Conditioned
刚度	MPa	11200	8300	11100	7500	12500	12500
抗拉强度	MPa	210	140	190	130	220	210
伸长率	%	3.2	4.6	3	5	2.4	2.1

图84 上表比较了PA66、PA6和PPA在添加了35%玻璃纤维增强材料后的一些力学性能。PA66和PA6的性能差异很大，取决于它们是否吸收了水分（Conditioned，在50%相对湿度下饱和），或者是否是无条件的（Uncond.，直接来自注塑机）。PPA完全不受影响（刚度）或仅有轻微影响（拉伸强度和伸长率）。

性能

+ 比大多数其他塑料更坚硬、更坚固和更高的抗蠕变性，使PPA成为金属的合适替代品
+ 使用温度高（150℃持续温度，200℃短时峰值温度）
+ 比PA6、PA66和PA46的吸水性低得多，因此尺寸稳定性更好

化学结构

在PPA中，PA66中的酸基已被芳族基团取代，这就是为什么单体具有以下结构：

$$—NH—(CH_2)_6—NH—C(=O)—C_6H_4—C(=O)—$$

芳族基团显示为红色。

+ 比PA6和PA66有更好的耐化学品性
+ 良好的电气性能
+ 可添加无卤助剂制成阻燃剂
– 与PA6和PA66相比，抗冲击性更低

应用领域

大多数牌号的PPA是玻璃纤维增强的，仅用于注射成型。它们被用于汽车工业（用于发动机部件）和电子电气工业（用于连接器和手机的支架）。

图85 瑞典模塑商AD-Plast凭借用于家具组装的这些PPA凸轮赢得了2008年Plastovationer设计大赛。由PPA制成的凸轮相比之前由锌制成的凸轮，保持了原尺寸，强度比原件强1.5倍，重量却只有原来的1/7。
来源：AD-Plast

液晶聚合物（LCP）

LCP材料是半结晶材料并且具有自增强特性（注塑时在流动方向上建立与木材类似的纤维结构）。这些材料可以被称为聚芳酰胺（如杜邦的Kevlar纤维）或芳香族聚酯。

芳族聚酯类型是热致性的（在熔体中带有液晶的过渡相）。

注塑级LCP的领先制造商和商品名分别是Celanese的Vectra、Zenite和Solvay的Xydar。

性能

+ 刚度、强度、韧性和优异的抗蠕变性能之间的良好平衡使得LCP成为金属的优秀替代品
+ 在极高的工作温度（240℃持续温度）下可以实现电子元件的无铅焊接
+ 在高温下性能稳定
+ 流动性非常好（易于填充薄壁材料）
+ 优异的耐化学品性
+ 阻燃（不添加助剂也可达V-0级别）
+ 优异的介电性能
– 焊缝线不牢固
– 表面光泽差

> **化学结构**
>
> 所有的LCP材料都是由几个芳香族基团组成的单体。芳族聚酰胺（例如杜邦的kevlar）具有最简单的结构，具有两个芳族基团：

应用领域

大部分模塑LCP都是玻璃纤维增强的。LCP因为其高使用温度、良好的电气性能和阻燃性，通常被用于电子和电气工业中较小的部件，如照明件、手机、点火系统和汽车传感器、光纤连接器等的线圈和接触点。

可获得食品级LCP，并可制造既可用于微波炉又可用于传统烤箱的平底锅。

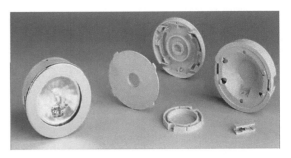

图86　图中显示了用塞拉尼斯（Celanese）Vectra LCP制造的耐热容器。该材料具有很宽的温度范围，这些容器可以在−196～280℃仍旧保持该形状。
来源：Celanese

图87　LCP具有较高的使用温度和自熄性，它有时可以代替陶瓷用于照明和汽车行业的卤素灯插座。
来源：DuPont

聚苯硫醚（PPS）

　　玻璃纤维增强聚苯硫醚是一种超弹性材料，弹性模量超过20GPa。这种材料可以承受高温，并且耐化学品性极好，仅次于PTFE。

　　这种材料很容易识别，因为它被敲击时有类似金属的声音。Chevron Phillips于1968年在美国以商品名Ryton发行的PPS是最知名的。除了Ryton之外，市场上还有其他品牌的PPS，如Solvay的Primef和Radel、Celanese的Fortron和Albis的Tedur。

性能

+ 特别高的刚度（高达65%的玻璃纤维）和高抗蠕变性
+ 非常高的使用温度（240℃连续使用温度，260℃短时峰值）
+ 极好的耐化学品性（高达200℃）
+ 吸湿性小，耐热性好
+ 优异的尺寸稳定性和可以忽略不计的收缩
+ 不添加助剂即可阻燃（UL V-0）
+ 良好的电气性能
− 低延伸率（<2%）

> **化学结构**
>
> 　　聚苯硫醚结构简单，一个芳基与硫结合：
>
>

应用领域

　　大部分PPS是玻璃纤维/矿物增强的，用于注射成型，但也有用于挤出的非增强等级。

　　大多数PPS被汽车工业用于燃料和点火系统，被电子和电气工业用于要求使用温度高和具备阻燃性的产品，以及需要良好机械性能、耐化学品性和耐腐蚀性的组件。

图88 PPS用于要求苛刻的热水管道配件上，例如上述黑色BMW温控器外壳或棕色散热器末端。它还可以用于制造必须承受高温（如右侧所示的二极管电桥）或对化学影响非常小（例如燃料泵的小叶轮，如图片中间所示）的高精度部件。
来源：Mape Plastics AB

图89 PPS被批准用于饮用水管道配件，满足上述水表"AGAWA"中的要求。除了具有极好的耐化学品性和耐高温性之外，Celanese公司制造的被称为Fortron的材料还具有高刚度和抗蠕变性能。
来源：Ticona

聚醚醚酮（PEEK）

这种聚合物通常被称为聚醚醚酮或PEEK，半结晶，在所有热塑性塑料中，PEEK的力学性能和耐温性最好，并具有优异的耐化学品性，即使在极高的使用温度下也能保持。该材料由ICI在20世纪70年代在英国开发，并于1980年以商品名Victrex推向市场。1993年成立了一家名为Victrex PLC的独立公司，该公司目前在全球PEEK市场上仍占有约90%的份额。其他PEEK制造商有Evonik、Sinof Hi-Tech Material和Solvay。

性能

+ 非常高的刚度、强度和抗疲劳性
+ 极高的使用和软化温度（260℃连续使用温度，300℃以上的短期峰值温度）
+ 即使在高温下也具有出色的耐化学品性
+ 特别好的摩擦和磨损性能
+ 阻燃（不添加助剂可达V-0级）
+ 良好的电气性能
+ 可以达到可接触食品的级别和医疗级
- 价格非常高

应用领域

PEEK可以通过注射成型、挤出成型和吹塑成型加工，适用于滚珠轴承套圈、活塞、阀门等要求严格的产品。它被用于化学加工、汽车和航

化学结构

PEEK中的单体具有三个芳族基团：

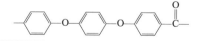

图90 由PEEK制造的：轴承套圈、泵部件、齿轮，甚至软管这些要求高精度和良好的机械性能、低磨损、良好的耐化学品性和极高的使用温度的产品。
来源：Mape Plastics AB

空航天、电气和电子工业以及用于植入物和其他敏感应用的医疗行业。

聚醚酰亚胺（PEI）

聚醚酰亚胺是一种非晶无定形热塑性塑料，具有良好的温度和良好的力学性能、耐化学品性和阻燃性。在所有无定形塑料中，PEI具有最高的抗应力开裂性。该材料于1982年由通用电气（现为Sabic）以商品名Ultem首次推向市场。

性能

+ 高使用和软化温度（连续使用温度180℃，软化温度217℃）
+ 良好的耐化学品性
+ 卓越的抗应力开裂性
+ 阻燃（不添加助剂可达V-0级）
+ 非常好的尺寸稳定性
+ 良好的抗紫外线和微波辐射能力
+ 可接触食品的级别、PEI可以被消毒
+ 性价比高
– 低抗蠕变性（与其他半结晶聚合物相比）

图91　图中为一种名为Ricordi Chamber的产品，这是一种用于器官移植的医疗容器。选择Ultem PEI的原因是它可以被重复地杀菌。
来源：Erteco Rubber & Plastics

化学结构

PEI中的单体具有五个芳族基团：

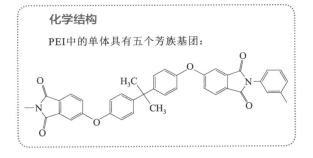

应用领域

PEI易于操作，可以使用注塑、挤出、吹塑和真空成型进行加工。用于需要最高耐温性、尺寸稳定性和阻燃性的电气、电子、汽车和工程行业的产品。

聚砜（PSU）

聚砜是所有非晶砜塑料中占市场份额最大的一个品类。

该材料于1965年由Union Carbide在美国以商品名为Bakelite的产品首次推出，后来改为Udel。

图92 PSU可用于食品级产品。例如，挤奶机中的部件，其需要是透明的并且能够经受反复的蒸汽消毒。

Union Carbide将生产聚砜的权利出售给了Amoco Performance Products公司。今天，PSU由巴斯夫以商品名为Ultrason和Solvay公司以商品名为Udel生产。

聚砜在很宽的温度范围内具有良好的力学性能。

PSU可以使用ABS等其他塑料进行改造，以降低应力开裂的风险并提供更优惠的价格。与纯PSU相比，改性材料使其在高温下的力学性能有所下降。其中一个常见品牌是来自Solvay的Mindel。

性能

+ 广泛的使用温度（–100～160℃连续使用温度）
+ 在整个使用温度范围内，刚度几乎没有变化
+ 优异的水解性（热水）
+ 可达到可接触食品的级别和医疗级
+ 可以使用蒸汽、环氧乙烷和γ辐射灭菌
+ 阻燃等级为V-0
– 在某些溶剂中易产生应力开裂
– 抗紫外线能力差（可用添加剂改善）
– 极高的加工温度（注射成型温度高达390℃）

> **化学结构**
>
> PSU中的单体有四个芳香族基团。正是这种结构有助于其良好的温度特性：

应用领域

PSU可以用大多数用于热塑性塑料的方法加工。它可以以半成品形式用作棒材、管材、型材、板材和薄膜。

当需要用作能够承受高温和热水的透明产品时，尤其是用于接触食品和（或）医疗级应用时就可以使用它。例如PSU替代玻璃的医疗设备、热饮设备（例如咖啡机）、用于微波炉的部件和炊具、吹风机和汽车部件等。

聚苯砜（PPSU）

聚苯砜的性能与PSU大致相同，但是PPSU明显具有更好的冲击强度（为PSU的10倍）并且承受应力腐蚀的风险较小。领先的制造商是索尔维先进聚合物公司（Solvay Advanced Polymers），产品名为Radel。

性能

+ 较高的使用温度（190℃）
+ 特别高的冲击强度（即使在高温和热老化后）
+ 非常高的防火等级（清除飞机内部的FAA要求）
+ 良好的抗应力开裂性
+ 非常适合杀菌（高压灭菌）
− 必须经过紫外线稳定才能在室外使用

> **化学结构**
>
> PPSU中的单体与PSU非常相似。关键的区别是缺少—C—(CH$_3$)$_2$官能团丢失：

应用领域

和PSU一样，PPSU可以用大多数适合热塑性塑料的方法进行加工。大部分PPSU用于医疗保健和医疗产品。一些等级的PPSU可以被消毒超过1500次，使其成为一次性产品的替代品，具有很好的经济性。

由于PPSU具有耐高温性、良好的耐化学品性和优异的阻燃性，它也用于电气、电子元件和管道连接。航空和航天工业的产品也经常由PPSU制造。

图93 在所有的热塑性塑料中，PPSU具有非常好的阻燃性，因此用于飞机内饰板。

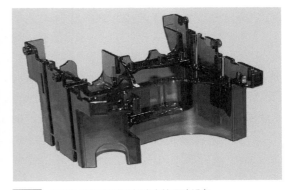

图94 PPSU用于需要重复消毒的医疗设备。
来源：Stebro Plast AB

第6章　生物塑料和生物复合材料

定义

如果你问一位专业人士"什么是生物塑料？"，你会得到以下三种不同的答案：

① 它是由生物基原料制成的塑料；

② 它是可生物降解的塑料，即可被微生物或酶降解；

③ 这是一种含有天然纤维的塑料。

由于生物基塑料不一定是可生物降解的，而且生物降解塑料不必是生物基塑料，因此清楚具体所指物质非常重要。定义"生物塑料"所必需的可再生原料的比例尚未确定，尽管领先的生物塑料供应商认为它应该至少达到20%。含有天然纤维的塑料也被称为"生物复合材料"，并且大部分是已经被增强或与天然纤维如木材、亚麻、大麻或纤维素混合的传统塑料。

除了通用塑料PE和PP之外，还有生物聚酯，如PLA。

图95　第一批热塑性塑料中有一些是用纤维素制造的，但是除了黏胶纤维之外，它们目前几乎没有商业价值。乒乓球最初由赛璐珞制成，并且目前仍然由纤维素材料制成。

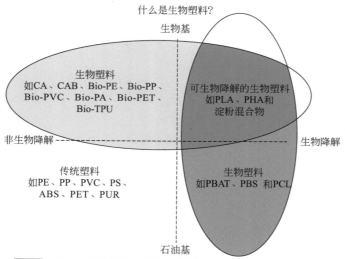

什么是生物塑料？

生物基

生物塑料
如CA、CAB、Bio-PE、Bio-PP、Bio-PVC、Bio-PA、Bio-PET、Bio-TPU

可生物降解的生物塑料
如PLA、PHA和淀粉混合物

非生物降解 - - - - - - - - - - - - - - - - 生物降解

传统塑料
如PE、PP、PVC、PS、ABS、PET、PUR

生物塑料
如PBAT、PBS 和PCL

石油基

图96　将热塑性塑料分为传统的石油基塑料和不同类型的生物塑料。

市场

根据欧洲生物塑料组织的统计，2011年全球生物塑料（包括生物基和生物降解塑料）的年产量为120万吨。与总产量2.5亿吨的塑料相比，生物塑料的市场仍然非常小。但增长势头强劲，预计到2016年生物塑料的产量将达到近600万吨，如图97所示。全球大部分塑料原料的主要生产商正在开发生物塑料。目标是用生物塑料代替5%～10%的传统塑料（不包括基于甘蔗的生物乙醇制PE和PVC）。基于生物乙醇的PE于2009年投产（巴西Braskem）。相信在不久的将来，50%以上的生物材料将由糖制成。

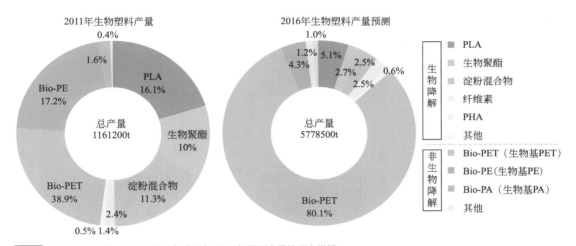

图97　图中展示了Bio-PET 2011年产量与2016年预测产量的巨大增幅。
来源：European Bioplastics

在欧洲使用生物基塑料的原因是什么？答案可能有以下几点。
① 战略上　随着化石燃料供应量的减少，其价格将会上涨。
② 地区政治　为欧盟农民提供支持，寻找新的更有利可图的出路。工业用农产品的销售不受世界贸易组织规定的限制。
③ 环境上　在塑料生产中使用的生物基原材料可以帮助减少二氧化碳排放。从碳的角度来看，生物基塑料比化石树脂更好取决于许多因素，例如：
- 从种植到收获和塑料制造的能源消耗，以及这种能源的来源；
- 如果性能足够好，不需要更多的材料来达到与非生物塑料相同的功能；
- 废物管理。

生物塑料

生产生物塑料的方法有如下几种。
- **生物聚合物**是天然存在的聚合物，其中大部分是淀粉和纤维素。地球上每年生产约六千亿吨生物质，其中3.5%为人类日用消耗——2/3作为我们人类的食物，1/3用于能源、纸张、家具和服装。目前，生物基塑料连其中的千分之一都不到（即0.0006%）。

- **生物基聚合物**，其单体是通过发酵产生。例如乳酸，可以被用来生产聚乳酸（PLA）。
- **来自微生物的生物基聚合物**，如聚羟基脂肪酸酯（PHA）。
- **生物乙醇**或**生物甲醇**可由生物质发酵或气化生产。将它们转化成单体乙烯和丙烯，可用于制造如PE、PP、PVC和PS等产品。

制造生物复合材料时，还可以使用：

- **植物纤维**，如棉花、亚麻和大麻；
- **木质废弃物**，如木屑和木粉。

生物聚合物

纤维素长期以来被用于生产塑料，如醋酸纤维素CA、CAB和CAP。由于纯纤维素难以加工，这些塑料由化学改性纤维素组成。纤维素塑料材质透明而且非常坚韧。纤维素可以从木材等中提取。将木粉、亚麻、棉花或大麻加入传统的石油基塑料，意味着新材料可以分类为生物塑料，因为部分原材料是可再生的。有一些小公司开发了这些混合生物复合材料，而大型林业公司正在投资研究完全基于纤维素的塑料。

淀粉可以从玉米、马铃薯、种子、甜菜、甘蔗、谷物或用于食物或生物燃料的其他作物中提取。可以看出这些都是来自我们的食物，所以现在有很多研究项目正在尝试使用秸秆或这些资源的其他部分，而不是营养的部分。

纯淀粉也难以加工，因此必须用化学品或添加剂进行改性以形成塑料产品。

 玉米淀粉含量高，这是一种天然的生物聚合物。发酵玉米产生生物乙醇，反过来又可以用来生产生物基聚合物。

图99 农业中用于覆盖地面和消除杂草的薄膜。由Mater-Bi制成，这种材料是由玉米淀粉、马铃薯或其他富含淀粉的作物制成的。这种薄膜是可以被生物降解的，使用后可以倒入土中，经过一段时间后就会完全消失。
来源：Novamont

生物基聚合物：生物聚酯

生物聚酯是由通过如淀粉或糖发酵产生的单体制成的，例如生物基PET、PLA和PTT。甚至可生物降解或含有一定比例的可再生原料的石油树脂聚酯也可称为生物聚酯。

生物PET是产量最大的生物聚酯。石油基PET已经存在了70多年。今天的生物PET中的30%是由可再生材料（通常是甘蔗）制成的。

图100　越来越多的瓶坯制造商使用生物PET为原料。

PLA（聚乳酸或聚丙交酯）是由乳酸单体制成的聚酯。乳酸单体是由简单的糖（单糖）发酵产生的，这种糖大量存在于甜菜、土豆、玉米和小麦中。

通过控制聚合过程，可以生产无定形和半结晶PLA。PLA由100%生物基原料制成，也是可生物降解的。PLA防水，而且具有良好的阻隔性能，但不像PET那样耐热（最高使用温度55℃）。

> **化学结构**
>
> PLA中的单体由乳酸生产，具有以下结构：

PTT（聚对苯二甲酸丙二醇酯）是可以由可再生原料制备的半结晶聚酯。1941年基于石油的PTT已经出现，但2000年才由杜邦推出了Sorona——一种通过发酵玉米糖浆制成的纤维。经过进一步的发展，杜邦公司开发出了热塑性Sorona EP，其由20%～37%的可再生材料组成，具有类似于聚酯PBT的性能和加工特性。

图101　DuraPulp是瑞典Södra林业集团生产的生物降解材料。它由70%的纤维素纤维和30%的PLA组成。
来源：Södra

图102　右边的图片展示了用德国材料供应商FkuR生产的名为Bio-Flex的可再生和可生物降解PLA制作的火葬场骨灰盒。把它放在地面上，只需要几个月，塑料就会完全降解。
来源：Tojosplast

生物基聚合物：生物聚酰胺

图103 蓖麻

近年来，**LCPAs（长链聚酰胺）**，也被称为生物聚酰胺或绿色聚酰胺，包括PA410、PA610、PA1010、PA10、PA11、PA612和PA1012，开始进入市场。这些产品为石油基PA12提供了一种替代方案。LCPAs由蓖麻油中提取的可再生原料组成，蓖麻油是从热带地区种植的蓖麻植物中榨取的。

领先的制造商包括拥有Zytel Long Chain和Zytel RS的杜邦，拥有ZUltramid Balance的BASF，拥有ZGrilamid的EMS，拥有ZEcoPaXX的DSM，拥有ZRilsan的Arkema，拥有ZTechnyl Exten的Solvay以及拥有ZVestamid Terra的Evonik。

与标准聚酰胺如PA6和PA66相比，这些材料具有更好的尺寸稳定性、更低的吸水性和更好的耐化学品性。

图104 这些天然气管道和配件由Rilsan PA11制造，用于天然气压力系统，尺寸可达直径100mm，工作压力可达14bar（1bar＝0.1MPa）。这种材料完全由可再生资源生产。
来源：Arkema

图105 DENSO公司的这款汽车散热器面板由Zytel RS PA610制成，使用60%的可再生原材料。它既能处理发动机的高温和化学腐蚀环境，又能耐吸水。
来源：DuPont

来自微生物的生物基聚合物

PHA（聚羟基脂肪酸酯）是通过蔗糖、葡萄糖或脂质的细菌发酵产生的线型半结晶聚酯，即由脂肪和脂肪状物质组成的一组物质。该材料是由ICI在20世纪80年代开发的，而且市场上的生产商很少。该材料具有良好的耐候性和低透水性。总的来说，它具有类似于PP的特性。

图106 PHA有许多医疗应用。PHA纤维可用于缝合伤口。

生物乙醇或生物甲醇

PE已经是一种可以由可再生生物原料生产的产品。

在20世纪70年代，印度的乙醇大部分用于制造聚乙烯、聚氯乙烯和聚苯乙烯。20世纪80年代，巴西的公司开始生产生物基聚乙烯和聚氯乙烯。但是，当20世纪90年代初油价下跌时，生产停止了。二十年后，才又开始重新建立生产。

目前，巴西Braskem公司是生物基聚乙烯的世界领先者。其于2010年9月开始商业化生产，以甘蔗为原料制备生物乙醇，然后转化为乙烯，用于生产聚乙烯。目前总产量约为20万吨，占生物塑料市场的17%。

生物基聚乙烯是不可生物降解的。

其他来自再生资源的产品还有生物基PP和PVC。

图107　以绿色Bio-PE生产的塑料购物袋。

图108　这款沃尔沃V70 / S80的后门板由基于PP和40%0.4mm木纤维的生物复合材料制成。
来源：re8 Bioplastics AB

生物复合材料

包含至少20%来自棉花、亚麻或大麻的植物纤维的常规石油基塑料（如PE和PP）被认为是生物塑料。塑料基材的选择受到加工温度的限制，如果温度太高，纤维会碳化。可以用锯末或木粉代替植物纤维，与传统的石油基塑料一起生产生物塑料。

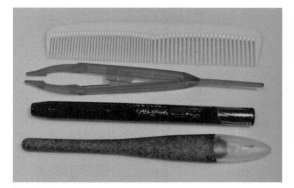

图109　德国FkuR公司生产的这些化妆用具都是由生物塑料制成的。图片底部的修指甲工具由Bio-Flex（PLA和木质纤维的混合物）制成。
来源：Polymerfront AB

图110　由50%HDPE / 50%木材混合物制成的挤出型材。此处显示的产品是以天然颜色制造的，但原材料也可以用颜料着色。
来源：Talent Plastics AB

有关生物塑料的更多信息

更多信息可以在iPhone和Android的免费应用程序"Plastic Guide"中找到，下载地址为：www.plasticguide.se。也可查询欧洲生物塑料网：www.european-bioplastics.org。

第7章 塑料与环境

乍一看，这一章的标题可能看起来不明确。是指塑料如何影响我们的环境吗？或者是各种环境因素如何影响塑料？事实上这两个方面我们都要考虑。

塑料的使用量不断增加，一个重要的原因是塑料有助于增强资源管理，例如节能和减排。另外，塑料也有助于技术发展。

塑料行业希望为可持续发展的社会做出贡献，这就是为什么他们投入大量资源生产环保材料和采用资源节约型工艺。

图111 塑料的应用可以节约能源并减少CO_2排放，从而减少对气候的影响。

塑料对气候友好，节省能源

塑料可以通过节约能源和减少温室气体排放来减缓气候变化，这一方面不是我们可以立即想到的。最近的研究"塑料对气候保护的贡献"得出结论，在欧盟27个成员国加上挪威和瑞士使用塑料有助于下列环境效益：

- 塑料产品能节省相当于5000万吨原油的能量，这是194艘巨型油轮的载油量；
- 塑料可每年减少排放1亿2000万吨温室气体，相当于《京都议定书》中欧盟减排目标的38%；
- 一般消费者造成大约14t二氧化碳的排放。只有1.3%，约170kg，是从塑料中而来的。

在汽车和航空工业中，塑料的使用可以减少重量，从而降低燃料成本。在建筑行业，塑料被越来越多地作为优越的隔热材料被使用，提供良好的室内环境，降低能源消耗。

如果没有塑料，零售业的运输成本将增加50%。平均而言，塑料包装占所有塑料包装产品重量的1%～4%。例如，一个重量为2g的薄膜用于包装200g奶酪；一个塑料瓶仅重35g，用来包装1.5L的饮料。如果算上容器和运输材料，那么塑料包装的份额平均增加到3.6%。

塑料在气候友好型能源产品生产中也有许多用途。例如，风力涡轮机的机翼由内部为PVC泡沫的乙烯基酯制成；太阳能集热器管由聚苯砜制成；而燃料电池的外壳由聚醚酰亚胺制成。

图112 塑料占现代汽车重量的12%~15%，仅在欧洲每年就可以节省1200万吨石油和减少30t二氧化碳排放量。这辆跑车的车身是用碳纤维增强塑料制成的，其整体塑料比例比普通汽车的比例还要高。

图113 一个330mL玻璃可口可乐瓶装满后重量为784g，空瓶430g（包括盖子），即包装占产品重量的55%。相比之下，500mL的PET瓶装满后重量554g，空瓶时只有24g（包括盖子），即包装只占重量的4%。

环境对塑料的影响

像所有的材料一样，塑料在一定程度上受到其使用环境的影响。随着时间的推移，它们被各种环境因素分解，例如暴露于：

① 太阳的紫外线；
② 空气中的氧气；
③ 水或蒸汽；
④ 温度变化；
⑤ 微生物（如真菌和细菌）；
⑥ 不同的化学溶液。

图114 太阳辐射会影响和降解许多塑料，有时仅用几个月。但是对于一些塑料来说，相信需要几千甚至几百万年。因此，大多数户外使用的塑料必须是抗紫外线的。

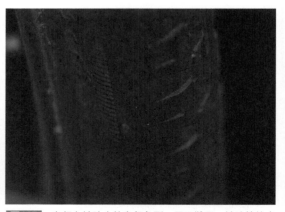

图115 自行车轮胎中的臭氧龟裂。用于靴子、轮胎等的合成聚合物橡胶长时间暴露于空气中的氧气之后容易破裂，随着时间的流逝而使材料降解。

图116 一些塑料材料会被水溶解。其他的会吸收水分，然后由于温度降至冰点以下而开裂。在海洋中的塑料最终也会由于波浪侵蚀而分解成较小的碎片（有时甚至降至纳米尺寸）。

图117 有许多塑料是可生物降解的，在由欧盟标准13432定义给定的环境中，它们必须能够在短短几个月内被土壤中的微生物完全分解。这张照片显示了一个已在自然界存在了40年的Rigello瓶，这种材料是在20世纪60年代推出的，在自然界中是可以被降解的，但是今天我们知道了更好的材料。

塑料回收

随着环保意识的提高，人们对新产品使用再生塑料的兴趣不断增加。2013年，在欧盟范围内，600万吨回收塑料转化为新产品，相当于新原料制造产品的13%左右。塑料工业正致力于所有塑料的回收利用。

大多数公司也考虑他们的产品在磨损时如何回收利用，例如，确保不同的材料很容易被分开。因此，以一种广为理解的方式标记材料是很重要的（参见下文图122中的循环符号）。

在本书作者的故乡瑞典，塑料包装的回收利用占了整个资源回收相当大的一部分，因为瑞典拥有世界上最好的回收系统之一。所有塑料包装中约有28%被收集和回收利用，对PET瓶的回收比例更是高达84%。为了进一步提高回收率，生产商定期进行有关回收利用效益的宣传活动。很多人并不知道，每一件回收回来的塑料包装材料都是对于环境保护的一大胜利。1kg回收塑料可减

图118 家庭和其他消费者必须将塑料包装与其他废物分开，并退回到收集地点，或由地方当局将其收集起来。收集的塑料进行分类并制成新的产品。

少2kg碳排放量，因为塑料包装材料被磨碎、洗涤，并用作原材料代替石油，而石油是一种有限的自然资源。

图119　这把椅子是用回收的番茄酱瓶做的！
来源：Plastens hus

欧盟的塑料回收

　　由于许多塑料产品具有较长的使用寿命，例如作为建筑产品或汽车零部件。每年使用的塑料数量为塑料废弃物的2倍。在欧盟范围内，垃圾填埋场中约有40%的垃圾是塑料，这是对地球资源的浪费。因此，塑料行业正在推动到2020年在欧盟实施垃圾填埋禁令。许多国家已经有这样的禁令，例如瑞典。好消息是越来越多的塑料被回收利用。在整个欧盟（以及挪威和瑞士），大约25%的塑料被回收利用到新产品中（物料回收），34%用于生产能源和热能（能源利用）。成员国之间有很大的差别，特别是在能源方面。塑料占欧盟普通家庭垃圾的9%左右，但这些塑料反过来又占了所有能源使用量的30%。

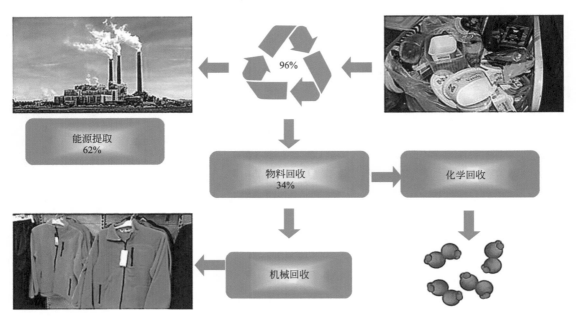

图120　再生塑料有许多不同的可能性。我们可以利用塑料的内能生产热能（能量提取）。或者我们可以制造新产品（物料回收）；例如丢弃的PET瓶可以成为抓绒夹克。一种方法是将产品化学转化为其原始单体，然后可以将其重新用作塑料材料。

图121　几乎所有的塑料包装都是可以被回收利用的。
所有以下塑料包装都可以回收，具体取决于您所在的地区：
● 箱子中的袋子（酒类包装）；
● 塑料袋；
● 瓶盖；
● 瓶子；
● 泡沫包装；
● 果酱瓶；
● 金属罐头盒；
● 罐头瓶子；
● 各种塑料盖；
● 冷冻袋；
● 塑料片材和塑料薄膜；
● 用于多次填装清洁剂的包装等；
● 聚苯乙烯泡沫塑料；
● 管材；
● 真空包装托盘（用于鱼、肉等）。
您的一点努力往往是对气候的巨大贡献！

图122　塑料包装回收标识和它们对应的塑料。

第 **8** 章　聚合物改性

本章介绍了热塑性塑料的聚合以及如何通过使用各种添加剂来控制其性能。

图123　95%的塑料都是天然气和石油基的。其余5%来自可再生能源，即植物。2010年，塑料约占石油消费总量的4%，具体如下。

- 产热　　　　　　　35%
- 运输　　　　　　　29%
- 能源　　　　　　　22%
- 塑料材料　　　　　4%
- 橡胶材料　　　　　2%
- 化学药品　　　　　1%
- 其他　　　　　　　7%

聚合

通过石油或天然气裂解获得的单体聚合产生聚合物（合成材料），可以是塑料，也可以是橡胶。单体的类型决定了你得到的是哪种类型的材料，而聚合过程本身可以产生分子链的不同变化，例如如下所示的线型或支化。

如果一种聚合物是由一种单体构成的，则称为均聚物。如果链中有更多的单体，则称为共聚物。这两种变化都可以在聚甲醛和聚丙烯这两种树脂中出现。共聚物基团（第二单体）主要位于链中主单体之后。在聚甲醛中，每个共聚物组之间有大约40个主要单体。共聚物也可以作为主链中的侧链出现，在这种情况下，它被称为接枝共聚物。

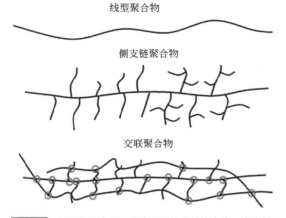

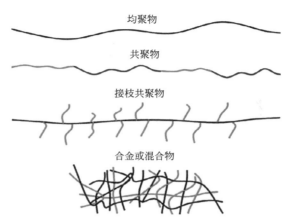

图124　乙烯的聚合可以产生不同的聚乙烯变体。线型低密度聚乙烯（LLDPE）由线型链条组成，如图中顶部的链条。LDPE具有支链结构，如中间所示。PEX具有交联链，即在链之间存在分子键的地方，如底部所示。

图125　最上面的是纯聚合物的线型链，如聚丙烯。通过加入乙烯得到图中第2条嵌段结构的聚丙烯共聚物。这种材料比普通聚丙烯具有更好的抗冲击性。
通过添加EPDM（橡胶单体），可以获得具有链结构的接枝聚合物，这是一种具有极高冲击强度的材料。也可以通过混合来自不同聚合物的颗粒来制造共聚物。在这种情况下，该材料被称为合金或混合物。ABS+PC就是这种共聚物的一个例子。

另一种聚合物改性的方法是控制不同分子在链中的位置。

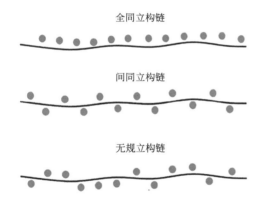

图126　在一定程度上，可以通过影响链中特定分子的方位来控制聚合物的性质。图中上面两个链中的红色圆圈代表聚丙烯中的—CH₃基团。如果所有的—CH₃基团都面向同一个方向在链的同一侧，则称为全同立构。在聚丙烯中，在茂金属催化剂的帮助下，可以定位基团使其均匀分布在主链的两侧。在这种情况下，链条被称为间同立构。在诸如聚苯乙烯之类的材料中，有一个环中有6个碳原子的芳香族分子（由图中的红色圆圈表示）。该分子在链中的方向和分布上完全是随机的。这样的链条被称为无规立构。

添加剂

　　未经过不同添加剂改性的聚合物材料是不可用的。例如，用于注射成型的热塑性树脂先要用热稳定剂改性，使得它们在注塑机的料筒中熔融时不会被热降解。还要添加脱模剂（即润滑剂），使得成品易于从模具中取出。

　　除了改善加工参数之外，还会使用不同的添加剂来定制材料不同的特性，如：

- 物理性质；
- 化学性质；
- 电气特性；
- 热性能。

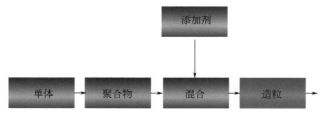

图127 添加剂在聚合后，在称为混合的制造步骤中加入聚合物中。在大多数情况下，添加剂被分散之后生产出塑料颗粒也就是造粒，然后可以用于制造塑料零件、型材或薄膜。

图128、图129、图130 通常使用图128和图129所示两种不同的造粒方法。如果材料具有相对较低的加工温度（例如聚乙烯或聚丙烯），则使用旋转刀口（见图128）。该方法被称为熔融切割法，在这种情况下，颗粒遇空气冷却变成透镜形状落入容器中。如果材料具有较高的加工温度（如聚酰胺），则会使用一种称为"线切割"的方法。将挤出的条状材料在水中冷却，然后将其切成圆柱形颗粒（见图129）。尽管聚酰胺对湿气敏感，但是冷却速度很快，所以没有足够的时间让它吸收大量的湿气。图130显示了由熔融切割法制成的白色颗粒和线切割制成的黑色颗粒。

力学性能

力学性能通常指：
- 刚度；
- 拉伸强度；
- 表面硬度；
- 耐磨性；
- 韧性（伸长率或冲击强度）。

刚度和拉伸强度

为了增加刚度和强度，一般用不同的纤维对塑料进行增强，最常用、最便宜的是玻璃纤维。碳纤维是最好的增强材料但也是最昂贵的。如果需要高刚性和耐磨损性，芳纶纤维（如Kevlar纤维）就是一个不错的选择，它的价格也介于玻璃和碳纤维之间。

图131 Kevlar芳纶纤维非常坚固，在聚酰胺和聚甲醛中都具有良好的增强效果。左侧齿轮由Kevlar增强Delrin聚甲醛树脂制成。Kevlar纤维的原始颜色如图所示，呈淡黄色。选择更贵的芳纶纤维代替玻璃纤维的好处是它可以减轻制品重量并具有非常好的耐磨性。

表面硬度

增强剂可提高塑料的表面硬度和抗划伤性。玻璃纤维增强有翘曲的风险，可以通过使用玻璃珠或矿物增强物（例如硅酸铝颗粒）来避免。

耐磨性

除了Kevlar纤维之外，还可以通过添加不同类型的表面润滑剂，如二硫化钼、硅油或氟塑料（如特氟龙）来提高耐磨性。

韧性

当谈论材料的韧性时，一般是指屈服/断裂伸长率或冲击强度。当对材料进行增强时，其伸长率会下降，而冲击强度（打破测试样条所需的能量）可能会增加。

图132 当温度降到零度以下时，许多材料（如聚丙烯和聚酰胺）会变脆。通过在汽车车身部件中使用不同的抗冲击改性剂如三元乙丙橡胶（EPDM）进行改性，冲击强度将显著提高。

物理性质

物理性质通常指：
- 外观；
- 结晶度；
- 耐候性；
- 摩擦力；
- 密度。

外观

外观通常是指颜色和表面结构。

结晶度

半结晶塑料的结晶速度是可控的。电缆扎带是以数百万个的规模来制造的，并且为了具有竞争力需要极短的生产周期。为了使聚酰胺快速固化，需要加入成核剂。

用成核PA66在大型多腔模具中生产电缆束带，成型时间一般小于4秒。

图133 不同类型的有色颜料是用于改善材料外观最常见的添加剂。这些可以在配料阶段早期或之后以色母粒的形式加入。

来源：Clariant

耐候性

阳光下，许多塑料会被紫外线降解。首先是颜色变化，然后是材料的强度下降。一些颜料（例如炭黑）具有抗紫外线作用，也有的紫外线稳定剂是透明的。

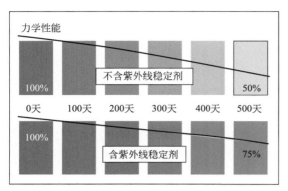

力学性能

不含紫外线稳定剂

100% 50%

0天　100天　200天　300天　400天　500天

100%

含紫外线稳定剂 75%

图134 图片显示了暴露在户外500天的红色塑料材料的颜色和强度变化。强度减少了50%。当添加紫外线稳定剂时，这并不能消除太阳紫外线的负面影响，但是会延缓颜色的变化和强度的下降——在室外500天后损失25%。

对太阳中紫外线的最好防护措施通常是使用含炭黑的黑色颜料。

图135 许多塑料部件，例如连接在排水管上的叶子收集器，将在户外持续使用数年。为了避免强度降低，制造商使用了特殊的UV稳定等级。

摩擦力

含氟聚合物材料（例如聚四氟乙烯也就是特氟龙）摩擦力最小，并且可以少量添加到其他塑料中以改善摩擦特性。

然而，含氟聚合物是非常昂贵的润滑剂，有时使用其他更便宜但效果不太好的替代品可能是一种比较好的选择。

密度

尽管也可以添加某些物质来增加产品的重量（在金属颗粒的帮助下），但这基本是非常罕见的。通常情况下，人们会想减少重量，其中一种方法就是使材料泡沫化。这可以通过不同的方式完成，例如将气体注入熔体中或者通过添加发泡剂，使其在加热时发生化学反应。也可以用发泡剂与添加的催化剂发生反应。

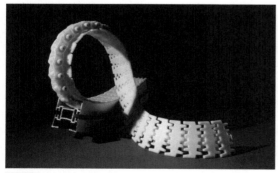

图136 输送机连杆几乎全部由聚甲醛制成。为了减少摩擦，进而降低驱动马达的磨损和功率输出，通常添加硅油或含氟聚合物。

来源：FlexLink

图137 聚苯乙烯泡沫塑料是被泡沫化了的聚苯乙烯。通过添加不同的发泡剂，可以化学控制热塑性塑料的密度。

化学性质

化学性质通常是指：
- 抗渗透性（阻隔性）；
- 抗氧化性；
- 耐水解性。

抗渗透性

一般对抗渗透性的要求会有明确的法律条款来规定，比如说要防止对环境有害的物质泄漏；食品生产商对抗渗透性也会有比较高的要求，比如说碳酸饮料的包装瓶。

抗氧化性

一些热塑性塑料（例如聚酰胺）在高温下对空气中的氧气敏感。为了防止其快速降解，可以加入抗氧化剂。

耐水解性

一些热塑性塑料（例如聚酯）在高温下与水或水蒸气接触敏感。会发生化学反应，使材料降解。

图138　由美国加利福尼亚州领导的世界各地的主管部门对减少汽车塑料油箱汽油蒸气排放的要求正进一步提高。提高吹塑聚乙烯罐抗渗透性的一种方法是添加特殊类型的聚酰胺，其可以在聚乙烯壁内形成紧密层。
另一种解决方案是使用由DSM公司生产的基于PA6的吹塑级Akulon Fuel Lock FL40-HP塑料，可用于HDPE模具（如图所示）。
来源：DSM Engineering Polymers

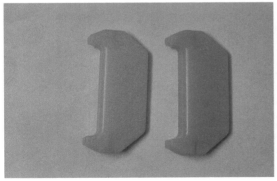

图139　PA66制成的两个铁路轨道绝缘子。聚酰胺在加工时必须是干燥的（水分含量低于0.2%），因此要在80℃下预干燥2~4h。
左侧绝缘子中的材料是已经烘干了的。右侧氧化导致颜色发黄的，是因为材料预干燥时间过长或温度过高。

图140　聚酰胺在热水中的耐化学性能非常好。如果需要非常好的抗水解性，如作为汽车的散热器板，必须添加一些特殊的水解稳定剂。
来源：DuPont

电气性能

电气性能通常是指：

- 电绝缘性（体积电阻率）；
- 耐表面电阻（表面电阻率）；
- 抗静电性；
- 导电性。

体积电阻率和表面电阻率取决于选择的聚合物。考虑到导电性和静电上传，一些添加剂会影响这些特性（如炭黑颜料）。

图141 在CD之前使用的音频或录像带中的转轮由导电（抗静电）聚甲醛制成，以降低磁带退磁的风险。

热学性能

热学性能一般是指：

- 熔体的热稳定性；
- 使用温度；
- 热变形温度（HDT）；
- 阻燃等级分类。

热稳定性

对于大多数热塑性塑料，使用某些类型的热稳定剂是为了防止塑料在加热的机筒中的热降解。除了可以得到较高的熔融温度以外，添加了热稳定剂的材料甚至在开始降解之前可以在熔融状态下承受更长的停留时间。

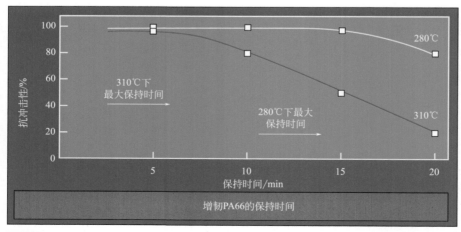

图142 在280℃的推荐加工温度下，增韧的PA66在料筒中的滞留时间超过15min后开始敏感。在温度升高（310℃）的情况下，开始热降解，在料筒中仅仅7min后就失去了冲击强度。
来源：DuPont

通过使用特殊的热稳定剂或着色稳定剂，可以在较高的使用温度下保持热塑性塑料的力学性能。

热变形温度

热变形温度（HDT）是指塑料样品在特定负荷（通常为0.45MPa或1.8MPa）下变形时的温度。

图143 热塑性聚酯（PET）由于其高的使用温度而被用于熨斗和烤箱手柄。然而，随着时间的推移，除非添加了特殊的着色稳定剂，否则材料会变黄。

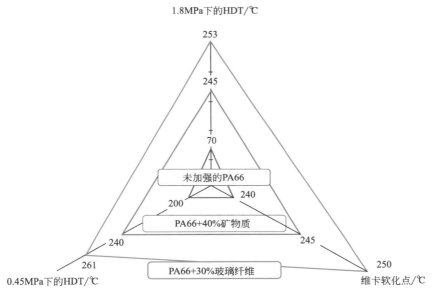

图144 CAMPUS材料数据库中的极坐标图，显示了PA66中玻璃纤维或矿物质含量对高温下尺寸稳定性的影响。加入40%矿物质（硅酸铝）时，1.8MPa时HDT从70℃增加到245℃，加入30%玻璃纤维时，HDT达到253℃。

阻燃等级分类

日常生活中的许多电器和电子产品都是用阻燃剂改性的。不幸的是，这些通常都是有害的卤素（磷和溴）阻燃剂，尽管这种趋势正在慢慢转向更加环保（无卤素）的替代品，但是后者更为昂贵。加速向环保替代品过渡的唯一途径可能就是国际立法了，就像2004年欧盟禁止镉时的情况一样。

图145 人们每天使用的许多产品都是经过改性以满足各种安全要求的。阻燃等级分类是这些要求之一。

材料价格

 塑料产品中材料的成本可能受所用添加物（下面列出）的影响，这些添加物可能也会影响原始材料的力学性能：

- 回料（即粉碎料，多来自流道料头、报废部件）；

- 发泡剂。

图146 大多数成型机可以粉碎料头、缺料的报废件等。通常的建议是原始树脂里最高混合30％的回料，因为再高会影响力学性能。如果在同一种材料中有几种不同的颜色，通常会添加1％～2％的黑色母粒。

第 **9** 章　材料数据与测量

当产品设计师和开发人员为开发一个新产品而寻找材料时，或者当必须符合不同的行业或监管要求（如电气或消防分类）时，他们通常都会关注热塑性塑料的某些特性，在本章，我们将具体介绍这些特性。

当塑料生产商开发出一种新的塑料牌号时，他们通常也会发布这种材料属性的数据表。有时这只是一个"初步数据表"，只有几个属性。如果产品最终成为标准等级，则会发布更完整的数据表。许多供应商在互联网上的CAMPUS或Prospector材料数据库中发布他们的材料牌号，这在一定程度上是可以免费使用的（详见下一章）。

CAMPUS是非常全面的，可以提供同一种材料超过60种不同的数据，同时还可以得到图表分析（如应力-应变曲线）和对许多化学品的化学耐受分析。在涉及热塑性塑料时，通常在"初步数据表"中要求最多的数据是：

图147　电器插座——对于一个如此不起眼的产品，在市场上销售必须履行的权威要求是什么？

- 拉伸或弯曲模量；
- 拉伸强度；
- 伸长率；
- 冲击强度；
- 最高使用温度；
- 阻燃等级分类；
- 电气性能；
- 流变性（流动性）；
- 收缩；
- 密度。

拉伸强度和刚度

通过拉伸试验的曲线可以得到刚度、拉伸强度和

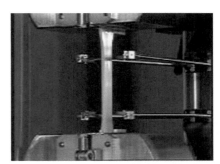

图148　拉伸试验机中的测试样条。所有的塑料生产商根据各种ISO标准来测量样品的力学性能，这样还可以比较不同制造商之间的数据。

来源：DuPont

63

体现韧性的断裂伸长率。

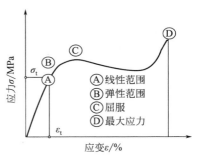

图150 未经处理的PA66通过拉伸测试获得的典型应力-应变曲线。

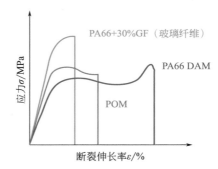

图149 在"初步数据表"中，只有少数数据与所谓的标准等级或CAMPUS材料数据库中的数据表相比较。在上面描述杜邦聚甲醛的数据表中，显示了16个不同的数据项，分为以下几组：
- 力学性能；
- 热性能；
- 其他（密度和模具收缩率）；
- 加工。

来源：DuPont

图151 不同塑料的拉伸曲线。请注意，POM曲线（红色）的断裂应力低于最大应力。这是由于颈缩（是指在拉伸应力下，材料可能发生的局部截面缩减的现象）所致。未经处理的PA66在曲线末端应力增加的原因取决于产生硬化效应的分子取向。如果比较绿色曲线（PA66加30%玻璃纤维）和蓝色曲线（未增强的PA66），可以看到玻璃纤维增强对应力和应变的影响。可以得到更强大但更脆的材料。更高的断裂伸长率意味着更坚硬的材料。

在线性区域，由于可以使用胡克定律，即σ＝力/面积（MPa），所以很容易进行强度计算。

图152 只要在图150中的曲线上Ⓐ或Ⓑ的范围内，图中左侧测试条在卸载受力后会重新恢复到其原始形状。如果在Ⓒ处超过屈服伸长率，会发生颈缩（中间的测试条），延伸直到Ⓓ处发生断裂（右边的测试条）。

从图150的应力-应变曲线可以得到以下力学性能：
- 屈服应力σ_y，即曲线中的Ⓒ；
- 屈服伸长率ε_y，即曲线中的Ⓒ；
- 断裂时应力σ_B，即曲线中的Ⓓ；
- 断裂伸长率ε_B，即曲线中的Ⓓ；
- 材料的刚度E被规定为拉伸模量，并且可以用下面的等式在线性区域中计算，$E_t = \sigma_t / \varepsilon_t$。如果拉伸曲线是非线性的，则需要取近似值并计算切线或正割模量（tan或sec值）。

张力的单位是兆帕MPa（mega-Pascals），断裂伸长率单位为百分比。下面将介绍各单位之间的关系。

除了作为拉伸模量E_t的刚度规格之外，还可以将其指定为弯曲模量E_S。目前，塑料原料供应商的数据表中拉伸模量比弯曲模量更普遍。图154显示了弯曲应力-应变的曲线。

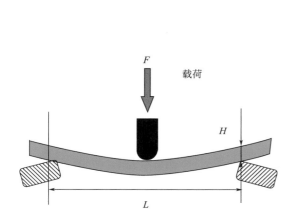

图153 测试样条水平固定在两个支架上，中间施加载荷。

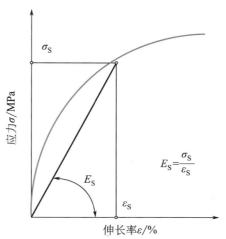

图154 弯曲载荷时，曲线变为非线性。必须使用一个近似的割线（对角线）来计算弯曲模量$E_S = \sigma_S / \varepsilon_S$。

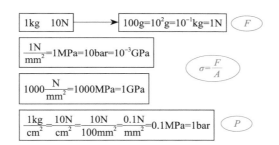

图155 如果将1kg的重量悬挂在一根绳子上，绳子将受载力F=10N（牛顿）。绳子中的应力取决于面积A，所以是$\sigma = F/A$，即如果绳子面积是1mm²，则应力将是10N/mm²=10MPa。
压力P也以"兆帕"（MPa）表示。早些时候是用"巴"（bar）。
注塑机的锁定力通常以"吨"（t）表示。其实正确的单位也是"兆帕"（MPa），1t=10MPa。

冲击强度

目前占主导地位的冲击测试是简支梁（Charpy）冲击试验。将测试样条两端固定在水平位置，让测试机的摆锤落下击打中间。简支梁试验单位为千焦耳/平方米（kJ/m²）。在过去常用另一个悬臂梁（Izod）冲击试验。这个方法需要将测试样条的下半部分固定在垂直位置，然后击打上半部分。悬臂梁测试的单位是焦耳/米（J/m），这两种测试方法之间无法进行转换。

冲击试验是一种灵敏度高、可对质量管控的测试方法。许多模具制造商都在使用自制的落锤试验机。例如，可以在一个直径50mm的塑料排水管上钻几个间距约5cm的孔。然后将具有球形底部的圆柱形重物升高到一定高度并用销子固定，当拔出销子时，重物下落并撞击已经固定在管子下面的部件。如果零件通过所要求的高度而没有损坏，则冲击强度是可以的。如果它被损坏了，就说明材料或者加工过程有问题了。

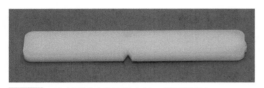

图156 冲击测试中使用的有缺口的测试样条。

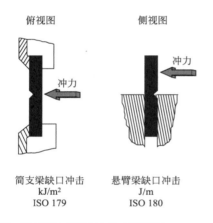

简支梁缺口冲击
kJ/m²
ISO 179

悬臂梁缺口冲击
J/m
ISO 180

图158 简支梁和悬臂梁缺口冲击测试样条。

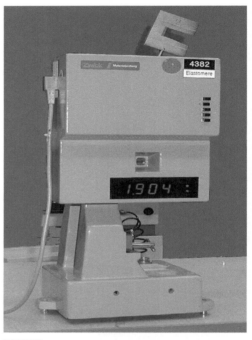

图157 摆锤冲击测试仪。摆锤锁定在起始位置。当它通过并击中测试样条时，会损失能量。能量损失值表示耐冲击性。
通常测量在23℃或-30℃冲击时是否有缺口。

最高使用温度

UL使用温度

当你想判定一个材料的最高使用温度时，是很容易混淆的，因为有太多不同的方式来测定。一家名为美国保险商实验室（Underwriters Laboratories）的领先国际测试机构开发了最高持续使用温度的标准，并称之为"UL使用温度"。要做到这一点，你必须在不同温度的烤箱中放置测试样条，等待6万小时（即将近7年）。然后取出测试样条并测试它们。把已经影响测试样条如此之久而测试样条仅损失了其初始值的50%的温度，定义为该材料的最大持续使用温度（UL使用温度）。它既属于力学性能也属于电气特性。

热变形温度

在大多数塑料的数据表，你会看到材料在不同荷载下的热变形温度。热变形温度简称HDT（heat deflection temperature）。

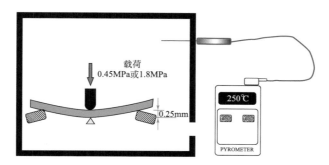

图159 在测量HDT时，必须把测试样条两端固定在水平位置上。然后把它放入烤箱中，加载0.45MPa或1.8MPa。

让烤箱温度每分钟上升2℃，并记录样条弯曲下来到0.25mm位置时的温度，即为HDT。

在下面来自CAMPUS材料数据库数据（参见下一章）的表格中，可以了解到许多热塑性塑料的HDT。注意！根据材料的黏度和添加剂不同，可能会出现一些与以下数值的偏差。

聚合物类型	0.45MPa时的 HDT/℃	1.8MPa时的 HDT/℃	熔点/℃	聚合物类型	0.45MPa时的 HDT/℃	1.8MPa时的 HDT/℃	熔点/℃
ABS	100	90	—	聚酯PBT	180	60	225
乙缩醛共聚物	160	104	166	PBT+30%GF	220	205	225
乙缩醛均聚物	160	95	178	聚酯PET	75	70	255
HDPE，聚乙烯	75	44	130	PET + 30%GF	245	224	252
PA6	160	55	221	PMMA（亚克力）	120	110	—
PA6+30%GF	220	205	220	聚碳酸酯	138	125	
PA66	200	70	262	聚苯乙烯	90	80	—
PA66+30%GF	250	260	263	PP，聚丙烯	100	55	163
				PP+ GF30%	160	145	163

注：非晶材料没有熔点。

图160 普通塑料热变形温度表

易燃性测试

国际检测机构美国保险商实验室（Underwriters Laboratories）开发了各种方法来测试材

料的耐火性。可以选择不同厚度的测试样条，然后水平或垂直点燃测试样条。将其定为HB（=水平燃烧）或V-2、V-1或V-0（V =垂直燃烧）。被归类为阻燃的材料，必须在一定距离内自行熄灭（HB），并在一定时间内熄灭。当测试V-0到V-2的材料时，还需要注意熔滴是否会引燃脱脂棉（见下文）。

HB级防火评估

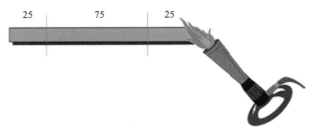

图161 施加火焰30s后开始测量燃烧速度。如果在两点之间测量的燃烧速度不超过以下条件，则可定为HB级别：

- 直径3～13mm的测试样条，为40mm/min；
- 直径小于3mm的测试样条为75mm/min；
- 火焰在第一个标记之前熄灭。

V级防火评估

图162 测试样条在垂直位置上测试时，要经过两次火烧，每次10s。在测试样条第一次燃烧熄灭之后立即开始第二次点火。

适用焰火	调节Tirill燃烧器到20mm高的火焰		
点火时间	2×10s		
第二次点火时间从点燃的样品被熄灭开始或如样品不点燃则立即开始。			
阻燃等级UL94	V-0	V-1	V-2
点火后燃烧时间/s	<10	<30	<30
总燃烧时间（点火10s）/s	<50	<250	<250
第二次点火后标本的燃烧及余辉时间/s	<30	<60	<60
燃烧的标本有滴落物（点燃脱脂棉）	无	无	有
标本燃尽	无	无	无

图163 上边的表格详述了要通过测试所必须满足的时间。在测试样条下面有脱脂棉，要注意如果测试样条燃烧有滴落物是否会引燃脱脂棉。最后，如果有余辉，也需要测量记录这个时间。
来源：Underwriters Laboratorles

电气性能

塑料的电气性能有多种测试方法。电气性能通常指材料的绝缘能力或抵抗表面上的蠕变电流的能力。

以下电气性能通常在数据表中公布：

① 介电强度；

② 体积电阻率；

③ 耐电弧性；

④ 表面电阻率；

⑤ "漏电"阻力CTI（相对漏电指数，comparative tracking index）。

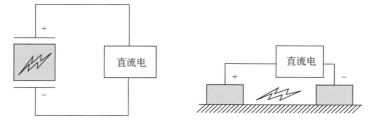

图164　根据上述方法①～③项的测试在测试设备中以左图所示的原理进行，而④和⑤项的测试在测试设备中以右图所示的原理进行。如果想了解更多关于塑料的电气测试项目，我们推荐这个网站：www.ul.com。

流动性：熔体流动速率

可以使用称为熔体流动指数（melt flow index，MFI）的测试方法来测量热塑性塑料的熔体流动性能。该方法的目前的规范称谓是熔体流动速率（melt flow rate，MFR）。

图165所示为熔体流动指数的原理。

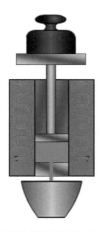

图165　在测试热塑性塑料熔体的流动特性时，首先将缸体中的塑料颗粒加热。不同的聚合物标准温度是不一样的。一旦材料达到规定的温度，将一定重量（也取决于聚合物）的材料放在活塞上，然后记录材料从缸体中流出的时间。MFR以cm³/10min为单位。MFI为10min后物料流出的重量，单位为g/10min。

收缩

模具收缩是模具腔体的尺寸与生产出来产品的尺寸之间的差异。

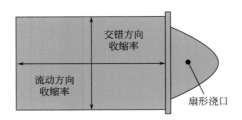

图166 测量成型收缩率要在制件成型一天后（至少16h）。根据环境温度和聚合物类型，半结晶材料成型后的后结晶过程可以持续数月。这会导致一个所谓的后收缩。

总收缩率=成型收缩率+后收缩率。通常在流动方向上和交错方向上都要测量。

第 **10** 章　互联网上的材料数据库

　　寻找不同塑料材料信息的最好方法就是访问原料生产商的网站或访问互联网上的独立材料数据库。在本章中，将会介绍三个全球领先的数据库："CAMPUS"、来自欧洲M-Base公司的材料数据中心"Material Data Center"以及来自美国UL IDES公司的勘探者塑料数据库"Prospector Materials Database"。所有数据库的巨大优势在于，无论材料的生产者是谁，都可以对材料相关数据进行比较，因为数据库中的所有材料数据都是以完全相同的方式测试得到的。

CAMPUS

　　大约20家大型塑料原材料生产商使用CAMPUS向顾客介绍他们的产品。CAMPUS软件由制造商免费提供，可直接通过互联网下载：www.campusplastics.com。

　　数据库定期更新，并可通过CAMPUS网站进行更新。

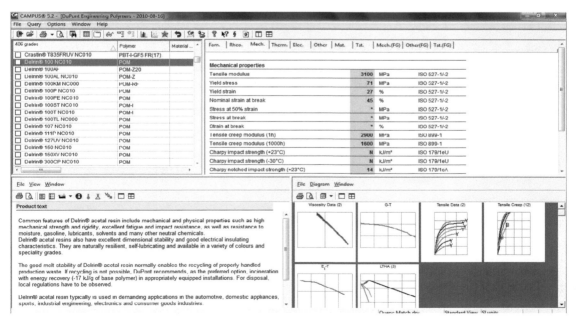

图167　CAMPUS窗口由四个较小的窗口组成。左上角是所有材料的列表。右上角是属性窗口，显示所选牌号（杜邦公司的Delrin 100）的力学性能。左下方是关于Delrin 100信息的信息窗口，然后它的右边，我们可以在图形窗口中看到这种材料的不同曲线。

CAMPUS 5.2的特点

+ 数据库可以从互联网免费下载
+ 可以对表格中的属性进行排序
+ 可以以表格形式比较不同的材料
+ 可以以图形方式比较不同的材料
+ 可以获得材料的耐化学品性
+ 可以指定和打印所选定的数据表
+ 可以搜索符合各种属性的材料
+ 可以在"曲线叠加"和"极坐标"图表中获取物料处理数据
+ 可以获得材料的流动特性（用于模流模拟）
– 一次只能比较一个指定材料生产商的材料
– 数据库必须手动更新

材料数据中心

该数据库包含来自330多家不同原材料生产商的40600多种塑料牌号。要使用物料数据中心，需要先注册并支付350欧元的年费（大约442美元，以2014年2月汇率换算）。但是有7天的免费试用期。

数据库链接：www.materialdatacenter.com。

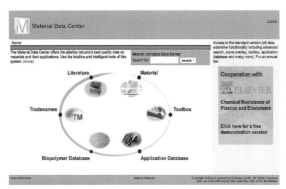

图168 "材料数据中心"中的首页屏幕显示数据库的不同功能。

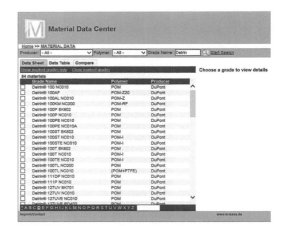

图169 在数据表窗口中，可以搜索生产者、聚合物或牌号名称。该图显示了杜邦公司的一些Delrin牌号。

材料数据中心的特点

+ 可以指定和打印数据表
+ 可以以表格形式对属性进行排序

+ 可以搜索符合各项属性的材料
+ 可以同时在表格中比较来自所有生产商的不同的材料
+ 可以在"曲线叠加"图表中比较不同的材料
+ 可以使用塑料文献，应用程序和生物塑料访问特殊数据库

勘探者塑料数据库

　　该数据库是目前最大的数据库，包含来自约900个不同生产者的85000多个材料牌号（2014年2月数据）。勘探者包含免费和收费功能。

　　网站的链接：www.ides.com/pro-spector/。

勘探者的免费功能

　　●包括工艺信息在内的所有材料的数据表；
　　●故障排除指南；
　　●搜索关键词、商品名、聚合物缩写、应用、生物塑料和医疗等级；
　　●各种测试方法的说明；
　　●塑料的技术词汇；
　　●视频剪辑。

勘探者收费项目

　　●搜索材料属性；
　　●搜索可替代材料及适用于"车用等级"的材料；
　　●"曲线重叠"图表中的表格形式的材料比较；
　　●成型的成本估算。

图170　要使用Prospector的免费功能，必须先在Ides Prospector网站上注册。

第11章 塑料原料及制品的试验方法

本章将介绍塑料原材料生产商的质量控制数据、成型商可能发现的各种材料缺陷以及在分析这些缺陷时可以使用的测试方法。

原料生产过程中的质量控制

塑料生产商会定期测量其塑料原料的质量（随机抽样）。根据聚合物类型和所含添加剂的不同，在生产过程中使用不同的测试方法。一般来说，他们会测试：

- 黏度，取决于分子链长度；
- 纤维含量，即聚合物完全燃烧后的灰分含量；
- 包装时每批的含水量。

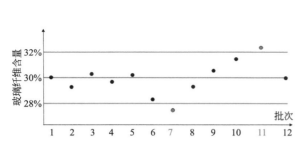

	测试项目	标准（ISO）	限值
A	水含量/%	15512	≤0.20
A	灰分含量/%	3451	31～35
B	熔点/℃	3146	250～265
B	密度/(g/cm³)	1183	1.34～1.41
B	拉伸强度/MPa	527	≥157
B	断裂伸长率/%	527	≥1.8
B	刚度——弹性模量（MPa）	527	≥8000
B	简支梁冲击强度/(kJ/m²)	179	≥7.8
B	HDT（1.8MPa）/℃	D789	≥245

A：每批次，B：每年。

图171 可以看到12个不同批次的30%玻璃纤维增强品级的测试结果。目标是尽可能接近30%，但只要结果在绿线（30%±2%）内，则该材料是可以被批准交付的。第7批和第11批是不可接受的，必须重新处理以达到交货限值。

图172 热性能和力学性能每年至少测试一次。这些数据值将公布在生产商的文献或数据库中。只有在特殊情况下，模塑商才通过这些类型的测试来定期测试其材料。

生产商需要把对不同生产批次随机抽样的检测数据以类似交付证明的形式与材料或者发票一起交付给客户。在证书上会看到与印在包装袋或者集装袋包装上印的一样的生产批号。保存好这些交货证明是非常重要的，以防止在投诉的情况下生产工厂需要有关批次的信息。

DSM Engineering Plastics B.V.

Insp. certificate "3.1" EN 10204 ^{Page 1 / 1}

Material: Our / Your reference
000019277 K224-G6\99.99.99.\71104 / 110-2372

Brandname: AKULON ®

Batch 1150341606 / Quantity 22.000 KG

Inspection lot 40000214809 from 07.09.2011

Characteristic	Unit	Value	Lower Limit	Upper Limit	Method
Moisture	%	0,050	0,000	0,150	ISO 15512
Ash	%	29,9	28,0	32,0	ISO 03451
Relative viscosity	-	2,45	2,20	2,60	DSM Method (90% HCOOH)

图173 图中所示为DSM（帝斯曼）Akulon K224-G6（含30%玻璃纤维的天然PA6）交货证明。

测量显示：

- 水分含量为0.050%，规定的上限为0.150%；
- 灰分含量（玻璃纤维含量）为29.9%，规定该数值须在28.0%～32.0%；
- 甲酸溶液中的相对黏度为2.45，在公差范围内。

塑料颗粒的外观质量控制

操作人员仅通过目测塑料粒子就可以发现材料缺陷是非常罕见的。只有在生产过程中发现材料有缺陷才是正常的。

图174 通过视觉检查颗粒外观有时可以看到的缺陷只是颜色不同、尺寸错误、颗粒聚集、明亮材料中的黑色斑点或表面上的金属颗粒。这些由颗粒袋内的灰尘、污垢或污染等造成的缺陷也可能影响产品质量和性能。

塑料产品的外观检查

如果塑料原材料存在缺陷，那么在开始生产产品的时候就会发现这种情况。大多数情况下，可以通过视觉检查外观发现缺陷，但在测量或力学测试过程中也会发现缺陷。

黑斑

图175 由于在料筒内或在颗粒的生产过程中热降解而出现黑点。如果它们已经存在于颗粒中，毫无疑问这是原材料的缺陷，并且必须提出投诉。

金属颗粒

图176 许多生产商在注塑机料斗中使用磁棒来吸住含铁金属颗粒的粒子。如果金属颗粒是由黄铜或不锈钢制成，就可能会滑落，并且可能会损坏螺杆和料筒或卡在模具浇口中。

变色

图177 如果原材料中的着色剂分散不良，可能会在产品表面产生变色的黑暗"阴影"。增加背压和降低螺杆速度在某些情况下可能有助于解决这个问题。

杂料

图178 包装时偶尔会有外来的颗粒进入包装袋内。如果它们具有更高的熔点和不同的颜色，它可能看起来就会像左边的图片中绿色尼龙颗粒落入本色聚甲醛中一样。尼龙熔点比聚甲醛的熔融温度高约80℃。

如果在更换新袋子或新批次时发现新材料生产的产品有问题，则表示材料中存在缺陷。很多情况下可以通过调整工艺参数来解决这个问题，但如果不成功，应该在提交原料投诉之前在另一台机器上测试一下这些材料。

银纹，也叫料花

图179 聚酰胺在熔体中对湿度很敏感。蒸汽泡在产品表面形成银色条纹。树脂应该在装袋时就充分干燥，但如果袋被刺破，足以导致正常的预干燥不足。

未填充满，缺料

图180 如果塑料原料的熔体黏度比正常高，则可能会出现未填充满模具的问题。通常可以通过使用更高的压力或增加熔体或模具的温度来校正。

飞边，溢料

图181 如果塑料原料的熔体黏度低于正常值，则会出现飞边问题。通常可以通过使用较低的注射压力来纠正。PBT或PET由于干燥不足也可能会发生飞边。

粒子大小不一

图182　有时，塑料生产商提供所谓的"立体混合料"。就是色母粒直接混合在树脂中。正如在左图中看到的那样，一些颗粒是非常长的，这些颗粒就可能会在注塑机的料筒里颜色扩散期间出现问题。

可以由模塑商进行的测试

眼睛是质量控制的最佳工具！

除了目视检查之外，大多数成型商还采用其他方法来测试其生产的产品，以确定是否存在缺陷。

下面有一些成型商最常用的测试仪器或使用的工具：

① 精密天平，以确定重量是否偏离正常；

② 测量设备，以确定尺寸是否偏离；

③ 锯子，以确定产品是否含有未熔化的颗粒、异物或孔洞。

成型商中较少使用的测试或设备：

① 测试韧性的坠重试验；

② 用于力学测试的拉伸测试仪；

③ 湿度分析设备；

④ 测量熔体流动速率的设备；

⑤ 燃烧测试（见图186）；

⑥ 颜色测试。

图183　有时当你剖开一个塑料产品时会很吃惊。该照片显示在左边的乙酰基部件内部存在很大的空洞，右侧玻璃纤维增强的聚酰胺部件内部存在微孔。

图184　用于湿度分析的设备通常是由烤箱和装在烤箱内的精密天平组成。烤箱开机前先称一下塑料粒子，然后所有的水分从粒子中被烘干后，再称一次重量。重量的差异就表明塑料粒子中含了多少水分。图中是一台HR83，一种现代高科技仪器，通过使用Mettler Toledo公司的卤素技术来测量水分含量。

来源：se.mt.com

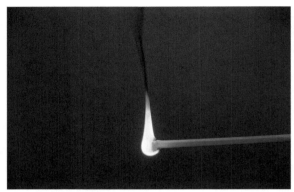

图185 大多数塑料都具有独特的燃烧特征，不同的烟雾、气味和火苗相结合，可以用来确定聚合物的类型。

材料	燃烧过程	气味
ABS	黄色滴焰带黑烟	ABS的气味非常独特
PA（聚酰胺）	焰身为蓝色，顶部为黄色焰端，燃烧熔融并滴下清澈的黏液	烧木头味
PC（聚碳酸酯）	黄火带烟，测试样条熔化并碳化	
PE（聚乙烯）	焰身为蓝色，顶部为黄色焰端，燃烧熔化并滴下清澈的燃烧液	蜡烛燃烧的味道
POM（聚甲醛）	蓝火无烟	氨气味
PP（聚丙烯）	焰身为蓝色，顶部为黄色焰端，燃烧时膨胀漏滴	味道有点甜
PS（聚苯乙烯）	黄火带乌黑的烟	煤气味
PVC	黄火带绿边，燃烧软化	酸味
SAN	黄火带乌黑的烟	

图186 一些常见塑料的燃烧过程和气味。

先进的测试方法

　　大多数主要原材料生产商会使用先进的测试设备进行质量控制和材料开发。许多公司为客户提供分析报告，以确定塑料部件产生缺陷的原因。

　　其中一些测试方法是：

　　① 对颗粒或部件进行准确的湿度分析；

　　② 颗粒或部件的黏度测试；

　　③ 烧掉聚合物后的灰分分析以测量增强材料或填加料的等级；

　　④ 用红外分光光度计（IR spectra）进行材料鉴定；

　　⑤ 使用差示扫描量热法（DSC）做材料鉴别；

图187 红外分光光度计。有了这个设备，我们就可以分析有机材料。

⑥ 用扫描电子显微镜（SEM）进行误差分析；
⑦ 用光学显微镜检测切片机切割的样品进行误差分析。

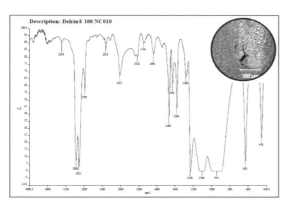

图188　用图187所示仪器测试Delrin®100 NC010聚甲醛的红外光谱。红外光谱就相当于指纹。从每个红外光谱中，可以直接看到样品中存在哪种聚合物和有机添加剂。

当使用这种方法观察塑料部件表面可能存在的污染时，是有可能看出它是由什么组成的，除非污染是无机的。

来源：DuPont

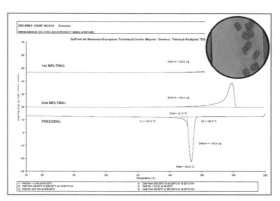

图189　可以分析有机材料的另一种方法是DSC——差示扫描量热法。

这种方法可以看到材料被加热时会发生什么。例如，它给出了圆形图中存在的绿色颗粒污染源的熔点。

来源：DuPont

图190　电子扫描显微镜是用于分析塑料中无机夹杂物的一种非常昂贵的设备。

它还可以分析塑料部件表面或表面结构上的裂纹，如图191所示。

来源：DuPont

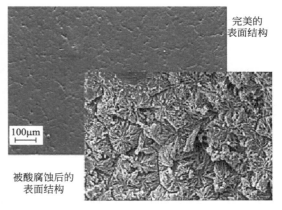

图191　左上方是聚甲醛完美成型部件高倍放大的表面。右图可以看到在接触硫酸后其表面是如何变化的。除了表面被腐蚀之外，拉伸强度显著降低。

来源：DuPont

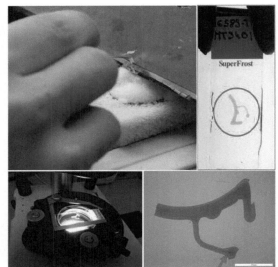

图192 切片分析是研究注塑件结构的一种很好的方法。用切片机从塑料部件的表面切下非常薄的一层，然后用偏振光从下面照射材料的结构。一些柔软的材料要制作成薄切片时，材料需先冷冻。

来源：DuPont

图193 左上图显示了正在切割冷冻塑料层的切片。右上图是一个样片安装在两块玻璃板之间。左下图中用偏振光照亮样片。右下图，可以看到在底部的一个黑色的被包裹起来的降解材料（红色箭头指示处）。

来源：DuPont

第**12**章 注射成型方法

历史

注塑是塑料的主要加工方法，既可成型热塑性塑料又可成型热固性塑料。本章主要介绍热塑性塑料的注射成型。

注射成型于1872年由海特（Hyatt）兄弟在美国发明并获得了专利，他们最开始是用赛璐珞制造台球。第一台成型机是活塞机，塑料填充在加热气缸中，塑料一旦熔化就会通过活塞被压入模腔中。第一台螺杆机（类似于今天使用的螺杆机），直到20世纪50年代才被引入。

注射成型已成为当今应用最广泛的热塑性塑料成型工艺，因为它比传统的机械加工或其他铸造方法具有巨大的成本优势。这一工艺在过去五十年中也有了很大的发展，现在已经完全计算机化了。

图194 老式活塞式注塑机。锁模机构是迄今常用的曲臂式锁模，但是锁模和开模动作需要人工操作操纵杆。

图195 这是一台由恩格尔（Engel）制造的现代注塑机。这台机器采用的是液压锁模机构。另外现在还有"全电动"的机器，要比液压机器安静得多。来源：Engel

特性

注射成型是一个完全自动化的过程，通常可以一次性生产成品零件。此外还具有以下特点。

+ 产品的形状可以非常复杂，不需要任何后期加工

+ 它具有非常高的生产率（在极限情况下，薄壁包装，循环时间只有3～4s）

+ 它可以制造小到只有几毫米大小的精密零件（例如手表中的齿轮），大到长度超过2m的大型卡车车身零件

+ 它可以制造壁厚只有零点几毫米的薄壁件，也可以制造厚度达20mm的厚壁件

+ 可以采用多头注塑同时注塑多种不同的塑料材料（例如，在硬质手柄上的柔软握把，像牙刷柄采用双色注塑、三色注塑）

+ 可以包覆金属零件成型（见图196）

+ 可以生产出具有A级表面的部件（见图197），就是汽车上经常看到的喷油件及电镀件

+ 自动后处理加工可以很容易地完成，例如去除浇口和流道、组装（例如焊接）或表面涂层

+ 流道或不合格的产品可以直接在注塑机旁边破碎，通过注塑机再回收利用

限制性

如果对注塑产品的质量要求很高，那么加工工艺过程中就需要使用相对来说比较昂贵的设备（注塑机和模具），由于成本的投资，需要大批量生产（量产1000个产品以上）才能真正实现利润。另一个可能出现的问题是塑料加热成型再冷却后会收缩，与模具型腔的尺寸有偏差，这可能导致产品公差问题。注射过程中需要产品有0.5°～1°的脱模斜度以便于从模具中脱出。

图196 用于汽车安全带的锁扣是将工程聚合物包覆成型在冲压镀铬钢上。

图197 由PP和EPDM制成的注塑保险杠。它可达到A级表面，因此可以用与钢板车身相同的涂料进行喷涂。

注塑机

一台注塑机由两部分组成：注射单元（填充和塑化单元）和合模单元（就是固定动、

定模的部分）。在合模单元的辅助下，模具可以锁模和开模，注塑机上的控制面板，可以设置和控制注塑机的操作过程。

注射单元

注射单元由用加热带加热的圆筒（俗称料筒）和后部的料斗或计量装置组成。料筒内部有一个螺杆，它可以旋转并为下一次注射做好进料准备（储料），当材料注入模具时像活塞一样的线性运动。在螺杆的末端是一个止逆环，防止在模具填充过程中材料回流。料筒通过端部的喷嘴与模具对接，在注射过程，塑料通过喷嘴射入模腔。

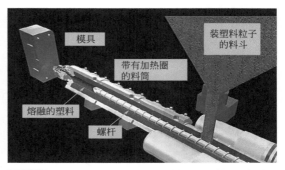

图198、图199　塑料颗粒通常跟米粒差不多大小。颗粒通过计量装置从装料的容器或烘料装置中被吸取输送到料筒顶部。
加料装置取代了早期机器中使用的料斗。

图200　上面是料筒的剖视图。料筒的后面是料斗，前端是喷嘴。料筒内部有一个螺杆，外面有加热圈和螺杆的摩擦热熔化塑料颗粒。
来源：Engel

合模单元

模具通常由两部分组成（特殊的堆叠模具有三部分）。模具固定不动的那部分叫定模，定模上有凸出来的浇口或者定位圈，浇口或者定位圈通常嵌入注塑机的压板上。有顶针的动模部分固定在注塑机的活动板上。合模单元通常是用液压缸驱动曲臂机构或用更强大的液压缸直接锁紧。这个装置驱动注塑机的移动压板来回运动，从而开合模。

图201、图202　左图是PP塑料罐。右图为实体模具的一半——定模侧，这就是用来生产塑料罐的。这是一个双腔模具，这意味着每一次注塑可以同时生产两个罐子。浇口位于每个罐子的底部。

图203、图204　左图为图201中用于生产塑料罐的模具的另一半——动模。通常，注塑机用顶杆将产品从模腔中顶出。这里采用的是顶出环。右边的图片显示的是打开和关闭模具的曲臂机构。

注射成型周期

注塑循环是从模具闭合开始，此时熔融材料可以通过喷嘴注入空腔（被称为注射阶段）。螺杆在此阶段不旋转，但受液压控制，进行线性运动，从而起到活塞的作用。

在保压阶段，螺杆不旋转，保持高压（50～100MPa）。当空腔中的材料填满时，螺杆缓慢地向前移动几毫米，这被称为收缩补偿。

由于熔融物料与固化物料的特定体积（特别是涉及半结晶塑料）之间的差异相当大（高达20%），所以需要保压。在物料凝固期间通过将更多材料填充到模腔中来补偿体积差异，以避免产品表面形成凹痕或内部有气泡。

在冷却时的储料阶段，螺杆旋转并将螺杆头前方的塑料熔体送入。螺杆转速必须适应材料的熔体黏度，以避免螺杆侧壁与料筒缸体壁之间的剪切力

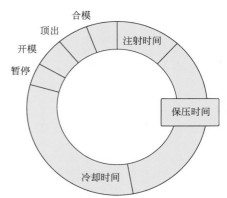

图205　一个成型周期。在注射和保压阶段，螺杆不旋转，而是像活塞一样向前移动，回流阀关闭。在储料阶段，螺杆旋转，同时由于熔融塑料引起的螺杆尖端前方的压力积聚而被推回。在此阶段，止逆环处于打开位置。在模具暂停和打开时螺杆是静止的，模具关闭和顶出阶段，螺杆向后。

过高。剪切会产生摩擦热，如果温度太高，材料会降解。原则上，注射半结晶塑料时，可以在储料阶段完成时直接打开模具。但是，为了补偿储料时间（即暂停时间）的变化，增加一个小的余量（0.5～1s）更安全。对于非晶材料，在储料阶段之后需要更长的停顿时间，以便材料具有足够的硬度保证在顶出时不变形。即使是用机械手从模具中拾取零件，开模、关模和顶出阶段通常也需要几秒钟的时间。

注射成型新工艺

近几十年来，注射成型工艺已经发展到能够将不同的材料组合在同一产品中，还可以使厚壁产品呈中空状或者在壁内添加泡沫材料。还可以将带有各种纹路的箔片放入模具型腔内，以获得像印刷、织纹或木纹的成品零件。

多组分注射成型

通常情况下，即使在同一个零件中可以成型两种以上的材料，但一般也只采用两种材料的组合。多色注射成型使用一种每种材料都有独立料筒的专业注塑机。

双色成型通常使用旋转模具。这种模具相对比较昂贵，但与其他被称为"机械手转移"的多组分成型方法相比，可节省大量时间。

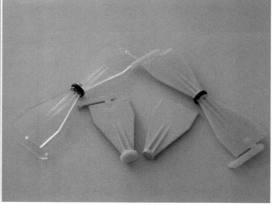

图206、图207　旋转模具。左图显示了一个动模旋转的模具，这副模具用来生产一种特殊的样品，这个样品是用来测试两种材料之间黏合度的—— 一种是浅色，一种是黑色。较浅的材料先被注射进第一个型腔，由于第一个型腔中心有个凸起的型芯把较浅的材料分成两个部分。然后模具动模旋转，与定模第二个型腔配合，该型腔形状与第一个型腔完全相同但是没有那个凸起的型芯，再次注入而代替那个型芯的就是黑色材料。

来源：DuPont

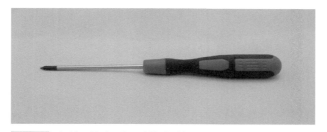

图208　机械手转移。为了制作这种螺丝刀，将钢棒放入一台注塑机上的模具中，然后用蓝色聚丙烯包覆成型。之后机械手将蓝色螺丝刀移动到另一台注塑机的另一个模具上，再在蓝色手柄的顶部注塑黑色热塑性弹性体。

气辅或水辅注射成型

　　注塑还可以生产空心的部件。在这种情况下，标准的成型机必须配备一个特殊的设备，在产品填充结束时注入水或气体（通常是氮气或二氧化碳）。还需要关闭喷嘴来阻止气体或水被推入料筒。

　　将气体或水直接注入模腔内的方法有很多种，比如使用特殊的喷嘴或控制阀。在某些情况下，模腔完全充满塑料后，然后打开溢流口，使气体或水在产品壁厚中间形成空腔，同时将等量体积的塑料挤入溢流槽内。

　　水辅相比气辅的主要优势在于缩短了注射成型周期，并使制品内部的表面光洁度更高。

　　由于气辅注塑用的气压要远低于保压，所以注射气体可以降低注塑机的锁模压力，还不影响外表面的光洁度。

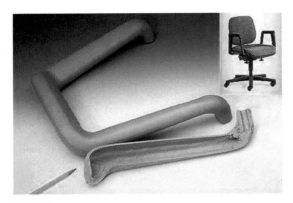

图209 这种扶手就是用气辅注塑制成的，对于产品重量及成型周期是非常有利的，但是会导致产品壁厚不均和内部表面质地差。
来源：DuPont

图210 用于大众发动机上的这种管子是采用水辅注塑制造的，具有周期短、管壁厚度一致以及管内具有良好表面纹理的优点。
来源：DuPont

也可以用专门的喷嘴雾化气体，在产品壁内产生泡沫。有几种不同的方法，微发泡法（Mucell）是最知名的。

第**13**章 成型后处理

注塑件的表面处理

　　一般来说，注射成型就可以生产完全是成品的零部件。具有正确颜色的部件可以立即使用或准备与其他部件组装。然而，通过表面处理可以进一步改善注塑件的质量。通常表面处理是为了提高审美价值，但有时可能需要满足功能需求。

　　用于热塑性塑料的各种表面处理方法包括：

- 印刷/贴标；
- IMD（模内装饰）；
- 激光打标；
- 喷涂；
- 镀铬或金属化。

图211　在这张汽车前大灯照片中，可以透过车灯玻璃罩（其实是使用聚碳酸酯制造的）看到里面的镀铬反射镜，这是用PBT制作的底壳。其已经进行了表面处理，以获得光学特性以及避免高发热光源而对表面进行保护。

印刷

　　在塑料产品上印刷有许多不同的原因。例如有些产品通常需要添加标签或在产品表面添加说明。在本章中描述的印刷方法有：

- 烫印；
- 移印；
- 丝印。

图212 表面贴上标签和说明的各种瓶瓶罐罐。其中许多是附在纸张或塑料薄膜上的不干胶标签，也有用各种方法直接在塑料表面上印刷的。

烫印

使用烫印印刷时需要使用金属箔片。这种金属箔具有金属的光泽（如图213中所示镜头盖）。通过使用加热的雕刻印章将箔片压烫在塑料制品上，使印刷物粘在表面上。

移印

采用移印时，使用一个软的（橡胶状）硅胶头，首先将其压在涂有油墨的印刷块上，然后压在产品的表面上。

图213 这张图片列举了采用烫印的几个例子，使用烫印来增加商标的美观度或为正确使用产品所需的各种功能添加标记。

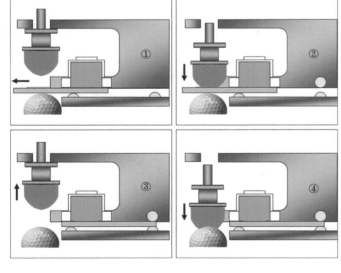

图214 该图显示出如何在高尔夫球上执行移印。
在第一图①中，硅胶头（粉红色）处于起始位置。其下面是一个附有印花的凸印板（绿色）。
在第二图②中，硅胶头下降，图案被转移到硅胶头的表面。
第三幅图③中，硅胶头升高，凸印板被拉回，并涂上来自绿松石色容器内的色浆。
在最后一图④中，图案从硅胶头转移到高尔夫球上。

丝印

　　丝印，是2000年前由中国人发明的一种很古老的印刷方法。这种方法可以用于平面和圆柱体表面，移印适用于小区域印刷，而大面积印刷时就可以用丝印了。使用一个模版（印刷图案）和一个浸渍了色浆的画布，以便将模版复制到画布上。当画布被压在塑料表面上时，色浆就会被转印到塑料表面上，就得到一个印刷品了。

IMD（模内装饰）

　　模内装饰（IMD，In-mold decoration）是在注塑过程中将箔或织物放入模具中时使用的指定术语。通常使用机械手来完成动作，同时机械手还会在注塑完成后完成取件动作。这种方法可以生产出非常精致美观的零部件，见图216和图217。

图215　这个"冰激淋人"很可能是用真空成型板制成的非晶塑料，用丝网印刷的方式印刷成色彩明快的颜色。

图216　这个面板看起来非常像一个木制胡桃木面板，在汽车内部很常见。其实它是被直接放入模具中的箔片覆盖的ABS面板。

图217　IMD通常用于大量生产的容器。整体的成型过程包括将箔片放入模具中以及如之前所述的两个成品容器的顶出，可能只需要不到四秒的时间就能完成。

激光打标

　　激光打标是塑料表面打标的最新技术之一。这种方法是在塑料材料中添加一种特殊的添加剂，当其被激光束曝光时就会改变颜色。

图218 具有1064nm的YAG激光器的激光标记设备。激光束的直径只有0.05mm。它在夹持塑料部件的夹具上双轴移动，同时在塑料件表面进行蚀刻。

来源：Vadstena Lasermärkning

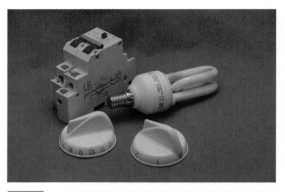

图219 90%的塑料产品使用激光打标是由于功能原因而不是为了产品的美观效果。图上是侧面印有信息的保险丝。低能耗灯泡也是如此。但是烤箱手柄是出于美学原因选择的激光标记。手柄上的数字不会被磨损。

喷涂

对于大多数有色的注塑件来说，已经使用了有色塑料作为原料。需要喷涂件的原因是材料本身有一种本色，无法得到我们想要的外观效果。如果该零部件要与涂漆的金属部件（例如汽车上的车门后视镜）组装在一起，实际上不可能在彩色塑料部件上得到与金属漆层表面相同的颜色。有时在部件的表面喷涂也是为了提高抗紫外线或耐刮擦性。

图220 用塑料制造的保险杠、侧视镜等必须使用与冲压钢板车身部件相同的涂料进行喷涂，以获得完美的色彩匹配。

镀铬或金属化

如果要增加塑料部件的美观度，给人一种金属质感，镀铬就是一种很合适的处理方式。最适合镀铬的材料是ABS，而工程塑料如聚酰胺、聚甲醛和热塑性聚酯也可镀铬。对塑料部件进行金属化处理或镀铬是为了改善制品抗划伤性或保护塑料免受紫外线或热辐射的影响。通过在制品表面涂覆金属，也可以起到屏蔽电磁场的作用。本章图211的前大灯底壳就是使用金属涂层来反射光线并防止热辐射的一个例子。

图221 镀铬ABS淋浴手柄。只有从重量上才能判断它是由塑料而不是金属制成的。

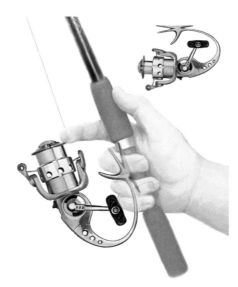

图222　由塑料制成的旋转卷轴。该材料采用了很薄的金属纳米颗粒涂层（比常规金属化的颗粒小得多）。这是塑料最新的金属化方法之一。与未改性的塑料相比，刚度上有了明显的提高。金属涂层的厚度只有几微米，所以重量的增加是微乎其微的。

来源：DuPont

第**14**章　模具类型

在本章中，我们将介绍不同类型的模具，而在下一章中，我们会更详细地介绍它们。如果你向模具企业的操作人员询问什么类型的模具是常用的，他们的回答可能是"普通模具和热流道模具"。热流道模具我们将在下一章讨论，以下就是行业人员所认为的"普通模具"的类型：

- 两板模；
- 三板模；
- 带滑块的模具；
- 产品带内螺纹所以模具带旋转型芯的模具，即螺纹模具；
- 叠层模具；
- 倒装模；
- 多腔模具；
- 多色模具；
- 可熔型芯模具。

该清单涵盖了大多数常见的模具类型，但并不完整。在大多数上述类型中，还可以选择冷流道或热流道系统应用于这些模具。

两板模

两板模是注塑模具中最常见的模具类型。

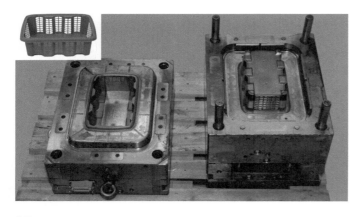

图223　这是一个用于生产左上角所示篮子的两板模。很容易区分右半部分是动模侧，因为你可以看到底部的顶针板。左半部分是有热流道系统的定模侧，四个导柱是用来将动定模合在一起的。

92

三板模

在三板模中，主流道设置在板①和板②之间，与在板②和板③之间的产品分离开来。优点是不需要分拣，因为主流道和产品掉下来时很容易分离开。

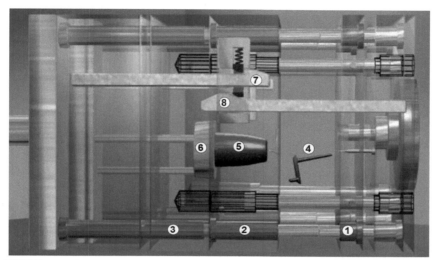

图224　三板模具的原理。
①是形成主流道的定模板。②是两个可移动板中的第一个，也就是型腔板。在型腔板的右侧上形成主流道④，浇口开在产品⑤的外表面上。③是第二块活动板，也就是动模板，上有形成产品内侧的型芯。动模上有用于模具完全开模后顶出产品的顶出环⑥。当模具打开时，上拉钩⑦拉住板②，当到达其终点位置时，使主流道落下。然后，锥体⑧作为拉钩拉住型腔板②，打开动模板③，然后顶出产品。

带滑块的模具

滑块可以说是滑动的型芯块，对于带有滑块的模具，可以通过电动、气动、液压或者使用成角度的圆柱（术语叫斜导柱，参见图225）来控制滑块的运动。斜导柱在模具打开时使滑块打开。

图225　左侧是一个带有滑块的模具，用来制造右边的盖子。两个滑块由斜导柱来控制。斜导柱不仅产生滑块的合模力，还会把滑块锁紧。滑块需要单独的温度控制，由黄铜管连接。而型芯为了获得有效的温度控制，由Uddeholm Tooling公司生产的被称为"Moldmax"的高强度铍铜合金制成。

螺纹模具

如果您想知道如何生产大多数塑料瓶的瓶盖，答案是：使用带有旋转型芯的模具，即螺纹模具。

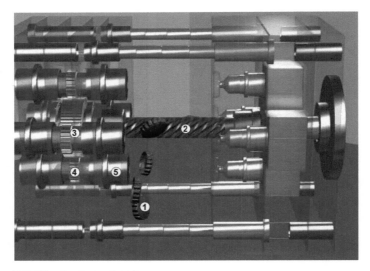

图226 带有旋转型芯的模具。
模具有四个不同的模腔。生产瓶盖①时，当形成瓶盖外表面区域的旋转动模模芯⑤旋转从而把瓶盖从固定的定模型芯中脱离出来时，瓶盖就会掉下来了。
固定的定模模芯形成瓶盖的内的形状。固定螺杆②带动涡轮③旋转，旋转动模模芯⑤通过涡轮③带动旋转。然后旋转动模模芯⑤将旋转传递到位于旋转模芯后部的齿轮④。

叠层模具

叠层模具在某种程度上类似于三板模。这里也使用了三种不同的模板。在中心板的左右两侧有两个镜向的型腔，而不是单独的浇口流道。使用叠层模具的优点在于不需要增加注塑机的大小即可实现高生产率。

图227 叠层模具的原理。中间板的两侧都是型腔。定模侧和动模侧都各具有一个顶出机构。

倒装模

倒装模是由定模侧顶出的模具。由于某种原因（例如隐藏浇口痕），从模具的固定侧顶出产品更好。对于叠层模具一定会是这样的，这种类型的顶出系统也可以用在两板模上。可以通过使用链条或齿条等各种机械装置拖动位于定模侧的顶针板。

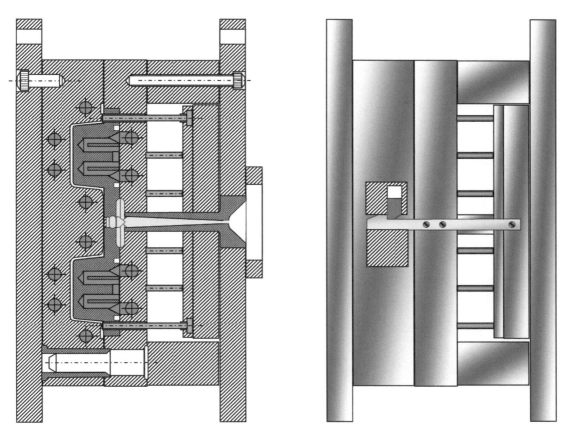

图228　从定模侧顶出的倒装模。左边是模具的截面图。右侧可以看到模具打开时拉动顶出板的拉杆。当产品顶出并且模具继续打开时，红色锁定块脱离。

多腔模具

多腔模具的英文是family moulds，每个型腔具有不同的几何形状。主要优点是不必为每个产品制作单独的模具，从而降低生产小批量产品的成本。缺点是壁厚最厚的那个产品控制了整个成型周期时间，同时也控制了所有其他产品的成本结构。还有一个风险是在浇口和流道冷却之前没有足够的时间来保压所有的型腔（收缩补偿）。另一个缺点是，如果一个零件的需求比其他零件的需求量大得多，则会产生很多浪费。图229和图230是附带的流道系统的1+1两腔模具产品。

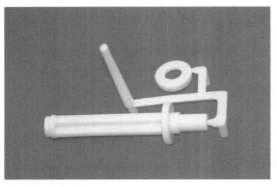

图229　由热塑性弹性体制成的一个柱塞和一个圆环。流道系统是很常规的流道类型。

图230　由聚甲醛制成的一个较大和一个较小的输送带连杆。流道系统是热流道转分流道注入两腔。

多色模具

　　如果想在生产模塑部件时同时使用不同的材料，有几种不同的模具解决方案。最常见的是将两种不同材料或者不同颜色的材料组合在一起，用柔软的热塑性弹性体覆盖坚硬表层的部分。

图231　一个在双色注塑机旋转台上的模具。

图的右上角是用该模具生产的零件。动模安装在旋转台①上。第一步是将黑色材料注入型腔②中。第二步是动模旋转180°后，一个完整的产品在第二次注射完成后从型腔②中顶出。第一次注塑的产品在型腔③中被下一个材料覆盖。

来源：Ferbe Tools AB

　　图232是一个生产双色产品的新型并且更节能的解决方案范例。

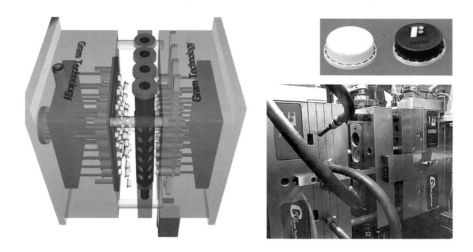

图232　左图显示了一种称为旋转镶件的新技术的原理。右边的模具是应用了该技术的一个案例。镶件放置在中间板上。右上角显示的就是在这个模具中生产的盖子。在第一步中注射白色塑料，接着在第二步中注射覆盖白色盖子的黑色塑料。
来源：Ferbe Tools AB

可熔型芯模具

　　熔芯技术是一种不常用的加工工艺。生产一个产品，使用可拆卸的金属镶件成型产品倒扣，而传统的模具是无法生产这样的产品的。型芯采用熔点非常低的金属制成（类似于锡焊）。型芯被塑料包覆成型，从而嵌入产品中，然后将产品放入温度高于金属型芯熔点但低于塑料熔点的烘箱中。当金属熔化并从塑料部件中流出时，可将其收集并重新使用以铸造新的熔体芯。

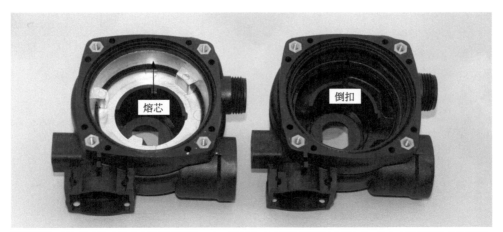

图233　图中的左边为热水系统循环泵的一半。该泵由玻璃纤维增强PA66制成，具有尖锐倒扣的几何形状。倒扣是由被包覆但在零件内可见的金属芯形成的。金属芯在烤箱中熔化并被移除后，制成图中右侧具有尖锐倒扣的成品零件。
虽然这是一种昂贵的注塑方法，但通常可以与铸造金属产品竞争。四个带螺纹的黄铜嵌件可以在注塑前放入模具中包覆成型，或者也可以在之后压入产品。

在本章中，我们将按照以下顺序来重点介绍两板模具的基本结构：

- 模具的功能；
- 流道系统——冷流道；
- 流道系统——热流道；
- 冷料穴/拉料杆；
- 控温和冷却系统；
- 排气系统；
- 顶出系统；
- 脱模斜度。

模具的功能

为了获得高质量的产品，会对模具有许多要求：

① 尺寸必须正确；

② 型腔的填充须避免产生剪切应力；

③ 在注塑过程中必须有良好的排气；

④ 要对塑料熔体进行冷却控制，以获得正确的产品结构；

⑤ 产品顶出不变形。

流道系统——冷流道

冷流道系统可以分为以下几个部分：

① 主流道；

② 分流道；

③ 浇口。

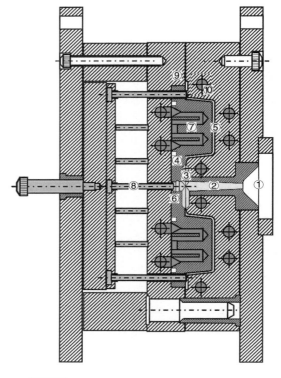

图234 两板模结构示意图。

① 在模具中心的喷嘴；

② 主流道，连接注塑机料筒上的喷嘴和分流道的通道；

③ 通过浇口将塑料导入型腔的分流道；

④ 将材料导入型腔的浇口；

⑤ 型腔；

⑥ 冷料穴；

⑦ 冷却系统；

⑧ 顶出系统；

⑨ 排气系统；

⑩ 该部件具有的脱模斜度。

主流道

如图235显示，主流道①连接料筒喷嘴和模具分流道②。在大多数情况下，它是锥形的，以避免在开模时粘在模具中。注射成型周期完成，模具打开，主流道很容易从定模中脱出。对于一些半结晶材料如聚甲醛，主流道可以是圆柱形的。喷嘴的尺寸应该比主流道的最小直径小1mm左右。

分流道

分流道系统将材料从主流道引导至模腔。如果有多个模腔，流道系统必须考虑到进料平衡，这样每一模腔的填充及压力都是一样的。

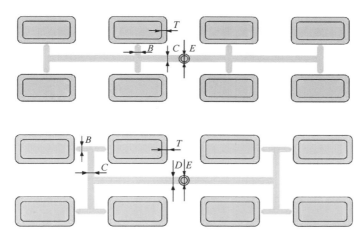

图235　流道系统。①主流道，②分流道，③浇口。

图236　上边的图是不平衡的流道，下边是平衡的流道。平衡流道好是因为所有模腔可以同时完成填充。根据经验，如果模腔的壁厚为T，流道B应为$T+1$（mm），C应为$T+2$（mm），D应为$T+3$（mm）。如果根据主流道的最小直径（圆锥形），D应为$T+4$（mm），E应为$T+5$（mm）。喷嘴直径应比主流道直径小1mm。

浇口

材料通过浇口流入模腔。对于半结晶材料，合适的浇口尺寸很重要，以防材料过早凝固。为了避免注射过程中产生高的剪切应力，浇口必须圆滑。

对于塑料产品来说，浇口的位置很重要，它决定产品的熔接线位置和产品薄弱点位。浇口也应位于零件的最厚壁上，以便能够通过保压来避免收缩和补偿收缩。下面你可以看到一些不同类型的浇口。

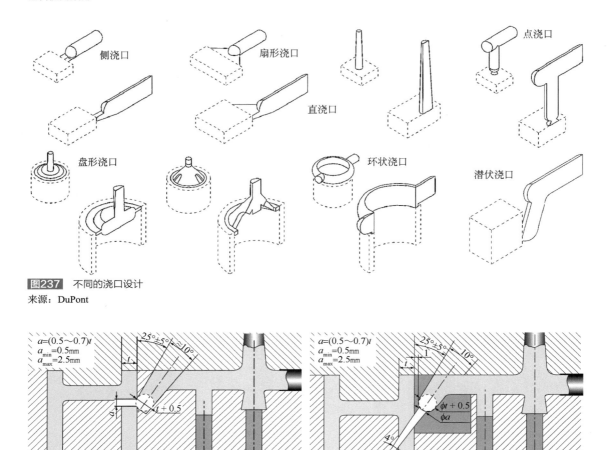

图237 不同的浇口设计
来源：DuPont

（a）非增强聚酰胺的潜伏浇口　　　　（b）玻璃纤维增强聚酰胺的潜伏浇口

图238 根据产品的壁厚（t）给出的潜伏浇口各个尺寸的建议，左边是非增强聚酰胺，右边是玻璃纤维增强聚酰胺。
来源：DuPont

流道系统——热流道

　　上一章介绍的大多数模具都可以配备热流道系统。使用这种类型的流道其优点是不需要回收粉碎流道材料，并且可以在生产中使用100%的纯树脂。

　　热流道的主要缺点是需要较长的启动时间，热流道系统并不适用于所有材料，因为在热流道里停留较长的时间可能导致材料降解。

　　热流道系统的尺寸设计与注射量有关，并且不能形成死角（见图240），这很重要。死角位的材料会由于长时间高温而降解并导致塑料部件上出现黑色斑点。而这些斑点往往会不规则地产生。

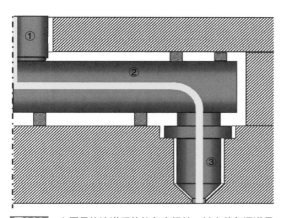

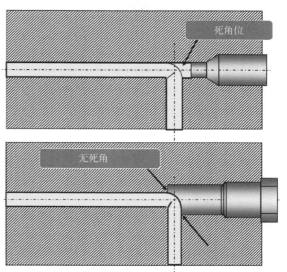

图239 上图是热流道系统的各个组件。其中黄色通道是塑料熔体。
①热唧嘴套；
②分流道板；
③热嘴。
这三个部分一直通电加热，使塑料保持熔融状态。

图240 热流道设计的转角不利于材料流通，容易产生死角。下面的图片是设计合理的热流道转角，没有死角。
来源：DuPont

冷料穴/拉料杆

冷料穴有两个主要功能。一是在注塑循环的射料、开模、顶出或合模阶段期间捕获在喷嘴中形成的任何冷料，特别是使用半结晶材料时。第二个功能是开模时顶出流道和产品。以下为拉料杆的各种结构。

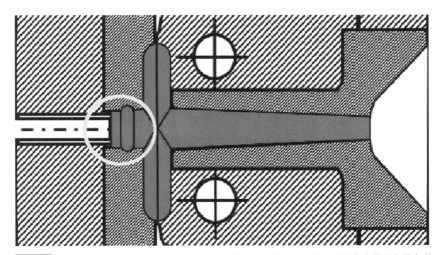

图241 冷料穴是主流道的延伸部分，它既可以钩住任何冷料，也有助于将主流道从定模中脱出。通过使用黄色圈内的环形倒扣完成把主流道拉出定模。

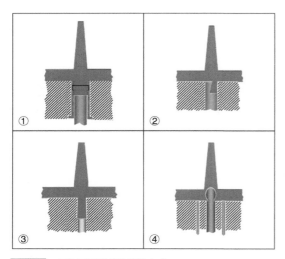

图242 几种不同形式的拉料方式：
①有环形倒扣的冷料穴；
②带Z形拉料杆的冷料穴；
③倒锥冷料穴；
④带球头的拉料杆。因为没有冷料穴，因此不适用于半结晶
材料。

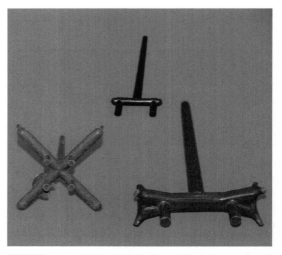

图243 几种不同形式没有拉料杆的流道方式。如果需要更
多拉料杆的话一定要设计在主浇口的正下方以防止冷料进入
模腔内。

控温和冷却系统

　　图244为模腔和流道系统设计的控温系统（蓝色部分）。为了在生产过程中或生产中断后迅速获得合适的模具温度，必须有尺寸合适的控温系统。在一年中的每一天的注塑周期中，控温系统应能够把模具温度控制在小范围内波动。模具温度是一个非常重要的工艺参数，可能会影响产品多方面的质量：

- 表面光洁度；
- 材料的强度和结构；

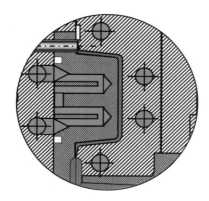

图244 蓝色圆圈部分为冷却系统。为了有效地冷却
合模时嵌入型腔中的型芯，使用带有隔板的冷却水井。

图245 两台水温机

- 尺寸（收缩）；
- 翘曲变形；
- 填充比例；
- 熔接线的强度。

为了达到合适的模具温度，会在整个生产车间使用外部温度控制装置或中央控温系统。当模具需要调节到室温以上的温度时，理想的是动定模都有单独的控温单元。最常见的控温液体是水或油。在低压系统下温度可达95℃，高压系统下温度可达200℃。

通过使用油，可达到350℃的温度，这对于材料（例如PEEK）达到高质量要求是必要的条件。模具型芯的有效温度控制特别难以实现，以下给出了一些解决方案。

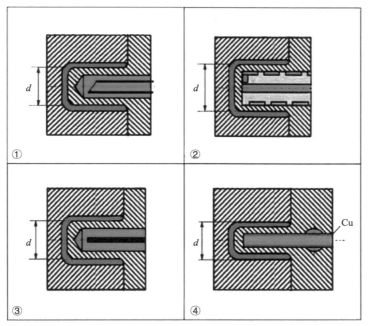

图246　注塑时模芯很热难以冷却。下面是几种当型芯深入型腔里时控温的原理：
①使用冷却管；
②螺旋冷却；
③带隔水片的冷却水井；
④使用由铜制成的冷却针。

排气系统

当用塑料熔体填充模具时，必须让流道和腔体中的空气排出。为了排出气体，需要在困气部位开设一排气槽。

图247中黄色区域的就是排气槽。如果排气不充分，则存在腔体填充问题的风险。气体被压缩而产生高温，产品也可能会因此灼伤。

关于排气槽的深度和宽度尺寸是有一定的规则的。

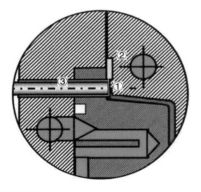

图247 窄槽①将模腔（红色）中的空气导入排气槽②中。顶杆③有一圈排气槽也可以将空气直接排出模板外。

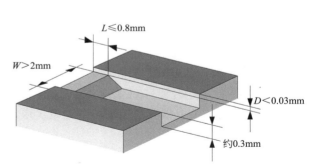

图248 排气槽的宽度为2mm，深度为0.3mm。槽的长度小于0.8mm，深度必须适应所用塑料原料的黏度。图中$D<0.03$是适用于聚甲醛的例子。
来源：DuPont

顶出系统

最常见的顶出系统是顶针，如图249所示。

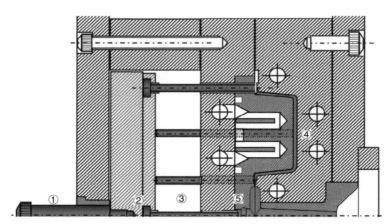

图249 当动模开模时，安装在注塑机顶出系统上的顶杆①推动模具顶针板②向前运行，顶针板上有四个顶针③，顶针分别抵在产品④和冷料穴⑤上，从而使产品及流道脱落。

如果生产环形产品，可以用管状顶出代替许多顶针。如果产品有不同的几何形状，可以用脱料板或整体作为顶块替换顶针。图250中的篮子是使用顶板顶出产品的。

图250　右上方的篮子是从左边的模具中脱模的，篮子的整个一圈翻边用一个脱料板顶出，而整个底部采用一整块顶板顶出。

H.脱模斜度

在图250中可以看出，篮子显然有一定的脱模斜度。这是产品能从模具中被顶出的必要条件。理想情况下，脱模斜度应该尽可能大。根据经验总结，如果产品表面光滑，脱模斜度为1°～2°。如果表面有蚀纹，每0.01mm蚀刻深度脱模斜度增加0.6°。

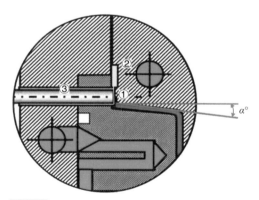

图251　产品在模具里的脱模斜度（红色部分）用$\alpha°$表示。
①—窄槽；②—排气槽；③—顶杆

第16章 模具设计与产品质量

在第11章中介绍的是塑料原料中的缺陷可能导致注塑产品出现问题。在本章中，我们将介绍由于模具设计不当或产品设计不当而导致的问题。另外，在第28章中，我们将阐述注塑工艺有关的问题。

与模具相关的问题

这些类型的问题并不总是像与材料或加工工艺相关的问题那样容易发现，许多这类问题只有在产品经过力学性能测试或部件在正常应力载荷下破裂时才会被发现。以下是导致一些常见问题的原因：

- 模板太薄弱；
- 错误的主流道和喷嘴设计；
- 错误的流道设计；
- 错误的设计、定位或缺少冷料穴；
- 错误的浇口设计；
- 排气不良；
- 错误的模具控温系统。

模板太薄弱

如果注塑过程中在浇口或流道周围产生飞边，则可能表明注射速度太快，锁定压力太低，或者模板太薄。

在图252的例子中，解决这个问题首先尝试的是选择黏度较低级别的聚甲醛，但并没有完全解决这个问题（见图253）。另一个方案是增加护罩的壁厚或改变圆孔中的网格厚度，但最终没选择这个方案，而是使用了导流——通过使用蜂窝图案，局部增加壁厚（如图254所示）作为流动导向。

图252 用聚甲醛生产的风扇罩

浇口在中间，很明显，模板已经变形了，因此即使模腔还没有被完全填满，在浇口的周围就已经产生了飞边。在这种情况下，就算把模具移到大吨位注塑机上也没有差别。

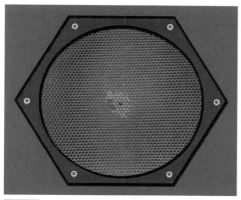

图253　选择了一种黏性较小具有稍小耐冲击性的聚甲醛，产品可以填充满，但仍然不能避免中间的飞边。

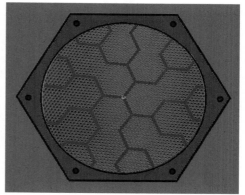

图254　通过应用流动导向的模式，成功填充护罩且中间没有飞边，也不需要延长成型周期。

错误的主流道和喷嘴设计

如果主流道的尺寸错误，通常意味着主流道相对于产品的壁厚来说太小，或者喷嘴的直径太小。尤其对半结晶塑料来说正确的主流道尺寸至关重要。图255就是一个产品的例子，该产品需要承受高冲击，没有通过力学性能测试，因为调试人员忘记在调试模具时更换更大直径的喷嘴。如果喷嘴尺寸太大也可能会出现问题，会导致模具和料筒之间发生漏料。

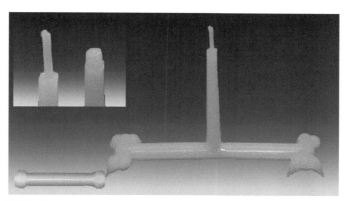

图255　高黏度聚酰胺制造的安全销。浇口处的壁厚大约为15mm，流道到六个不同的模腔的距离相等，但是主流道和喷嘴都太小。与分流道相比，主流道的直径至少要大1mm。喷嘴的直径应小于浇口的最小直径1mm。在左上角的小图片中，左边是不正确的主流道，右边是正确的。

错误的流道设计

最常见的问题是流道相对于部件的壁厚太小。这会导致半结晶塑料在部件被充分填充之前就冷却凝固。另一个常见问题是不平衡的流道会造成填充和保压不均匀。图256是一个流道设计不良的案例。

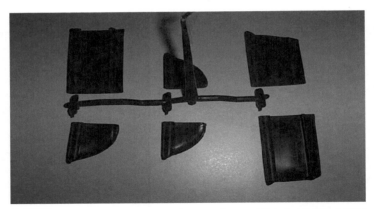

图256 失败的流道设计实例。具有相同形状和尺寸的六个腔体填充非常不均匀。

来源：DuPont

错误的设计、定位或缺少冷料穴

在前面的章节中，我们提到冷料穴在模具中有两个不同的功能。它要收集已经凝固在喷嘴中的原料，还要便于拉出浇口。在用于半结晶材料的模具中，冷料穴是最重要的，因为半结晶材料产生冷料的风险非常高。如果产品结构设计上不允许模具上设计冷料穴，则可以使用特殊的工艺来消除材料在喷嘴中凝固的风险。在这种情况下，注塑机注射后料筒必须回退，然后必须设置足够的减压（将物料吸回到料筒中），这样潜在的冷料就可能会重新熔化。而另一种选择就是使用热流道系统。

图257 带有浇口的15英寸轮盖上的中心环，由矿物增强PA66制成。浇口位于该产品的背面，因为汽车品牌logo（标志）贴在正面。这就避免了必须要做的冷料穴。

错误的浇口设计

图258 设置在由冲击改性PA66制成的盖子上的浇口（上端已切掉）。由于浇口与盖板之间的过渡半径过小以及注射速度过高，材料被剪切，在浇口周围形成分层。

浇口太小是最常见的浇口设计问题。在这种情况下，半结晶材料在保压填实和收缩补偿完成之前就已经固化了。这还会导致产品出现气泡、缩痕或尺寸超规。

如果产品的填充体积很大，则剪切力可能会变得过高（特别是注射速度较快的情况下），这会导致材料在浇口处降解。如果浇口的半径太小，也会发生这种情况。

在某些情况下，浇口可能也设计得不好。在图259中，右侧可以看到一个圆锥形的浇口。这种很常见的设计非常适用于非结晶塑料，但对于半结晶塑料来说原料会太早凝固，因而不适合。图中左边的浇口形式是应用于半结晶塑料时应设计的浇口样式。

检查半结晶塑料是否被充分填充的一个好方法是分几

个位置把产品切割成几块，以确定内部是否有气泡或气孔。

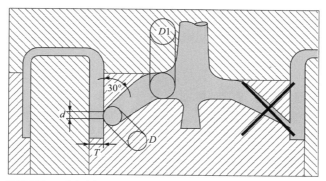

图259　一个为半结晶塑料设计的浇口的例子。浇口d的尺寸应至少为壁厚T的一半，流道和产品之间的距离应小于0.8mm。直径D应该至少为1.2T。该图还显示，浇口应该位于产品最厚的壁上。
来源：DuPont

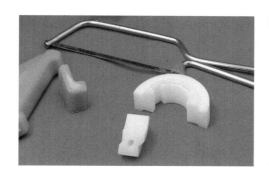

图260　图中左侧是由玻璃纤维增强聚酰胺制成的铁路绝缘子。当玻璃纤维增强材料未充分填充时内部会出现微孔，即在锯开的表面中显示为较亮的区域。右边的产品是用聚甲醛制成的蜗轮的原料。在第一次切割时没有检测到内部有孔，如上半圆所示。下一个切口在截面上就发现了一个很大的空隙。所以，要检查零件是否没有气泡或气孔时，一定要进行多次切割。如果产品存在空隙，则会导致机械强度降低。
同时应该记录产品没有空隙时的重量，作为质量控制工具使用。

排气不良

如果未设置排气槽，排气槽已经被模具污垢（降解的聚合物）堵塞，或者排气槽尺寸太小，注射过程中，气体被困在模具内。被困气体被压缩，温度达到1000℃以上，这直接会导致聚合物的降解。我们称之为"烧焦"。通常情况下，产品表面变色和产品部分结构未完全填充满说明有排气不良的现象。黑色的材料比较难以发现，但烧伤的痕迹要比黑色塑料的颜色稍微浅一点。

错误的模具控温系统

在前面的章节中，我们研究了模具温度控制系统，并得出结论——合适的模温是非常重要的，

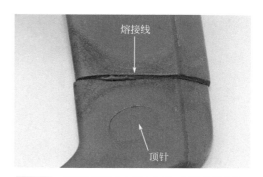

图261　从两个不同方向填充产品，导致中间产生一条熔接线。本来熔接线位置应该在顶针上，因为顶针上磨了排气槽。还能看到熔接线周围的塑料在高温下已经降解、变色了，说明这里排气不良。

以获得产品高质量的性能，如表面光洁

度、机械强度、尺寸稳定性及避免翘曲的风险。

　　有时候，即使水路尺寸正确，温度控制能力也可能不足。这是一个很常见的问题。这可能是由于水路因腐蚀而堵塞了，有时是因为设计不合理，仅使用一组温度控制单元并将其串联连接到动模和定模。总之建议动定模各使用一组温度控制单元。冷却水管的连接顺序也是很重要的。

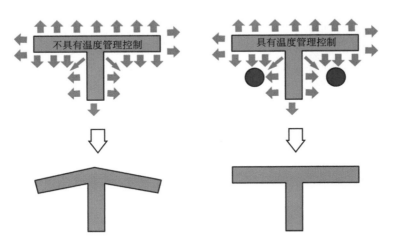

图262 不具有和具有温度管理控制的半结晶塑料在注射模中的T形轮廓截面图。当冷却不足时，在有角度的地方温度会升高，反过来导致凝固过程减慢，增加晶体的形成和收缩。

请记住一个规律——塑料跟猫非常像：二者都向热量靠拢。

第 **17** 章　原型模具和模流分析

在前一章中，我们介绍了由于不正确的产品设计或模具设计而产生的各种问题。
在设计新产品或开始新产品的注射成型时，将会遇到一些新的问题和挑战：

- 该产品成型后尺寸是否正确？
- 产品是否会扭曲变形？
- 流道是否过长？ 该产品能否被完全填充？
- 进浇口应该放在什么位置才能使产品强度好？
- 水路的大小和位置是否正确？

原型模具

原型模具我们普遍称为试制模、快速成型模。为了避免使用新模具开始量产时出现不可预见的问题，我们可以先做一个原型模具来看成型后的产品是什么样的。另一种选择是仅加工量产模具中几个腔体中的一个。这些程序可以节省成本和时间，但是由于流道、水路与最终量产模具不同，这种方式也会有差异。当塑料产品结构非常复杂或量产模具成本非常高时，生产者就会选择使用原型模具。在汽车行业内，这些模具有时被称为"软模"，因为它们通常用铝或软钢制成。当涉及更简单的零件或模具设计时，大多数原型模具已被模流分析所取代。

图263　本图是图264所示凸轮的铝制试制模具（红色框内）。这副模具每次注塑只生产一个产品。试制模下方是一模16腔的钢材量产模具。与铝制试制模相比，该模具的生产成本高出约30倍。

图264　用于装配家具的通用部件。瑞典的AD-Plast公司使用玻璃纤维PPA开发了该产品并成功地以用塑料替代金属赢得了"Plastovationer 2009"著名价格奖。凸轮比以前的锌制凸轮更坚固，无需改变外部尺寸。
来源：AD-Plast AB

模流分析

模流分析，是一种基于计算机的工具，在生产新产品或修改现有模具时花更少的时间做好产品。

模流分析的特点

- 具有在很短时间内得到正确结果的能力；
- 是可以成功实现"精益生产"并且在生产过程中可持续改进的强大工具；
- 可得到对产品性能、外形有主要影响的正确的工艺参数；
- 通过预先调整工艺参数获得工艺和生产更稳健的测试；
- 一般来说，与试制模相比更低的开发成本。

图265　一位模具设计师正在他的电脑前使用模具填充分析软件Moldflow。这种软件能够在标准电脑上运行，但需要大量的计算能力。为了使计算尽可能快地运行，有必要配备较大的内存以及快速的处理器。

图266　设计师想要的产品形状。而图267为该产品脱离模具后的实际样子。

图267　产品弯曲严重。原因是可能由于不均匀的壁厚或不合适的模温控制而产生的内部应力。通过使用Moldflow软件中的收缩率和翘曲模量，可以在生产之前预测出这种模量，并且可以对其进行修正，从而不会发生缺陷。

工作流程

网格模型

模具填充模拟应该是新塑料产品开发过程中的一个自然步骤。许多设计师在创建新产品的3D模型时都使用各种CAD软件，如Pro-E、Catia或Solid Works。然后使用生成的STL或

Igesfile STL或IGES文件创建所谓的网格模型。

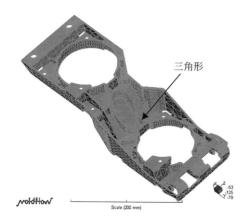

图268　STL格式的汽车的大灯外壳3D模型。该模型由大量的小三角形组成。

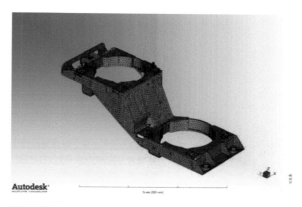

图269　与图268所示相同的大灯外壳。通过使用Moldflow分析，可以通过"导入"创建网格模型，以便继续进行模拟过程。

材料选择

一旦创建了网格模型，下一步就是选择使用材料类型。在Moldflow中有一个具有大量材料可供选择的数据库。如果在数据库中列出的材料中找不到所选材料，可以自己添加一些必要的（流变）参数。

工艺参数

由于材料的熔体黏度受熔体温度、模具温度以及剪切速率的影响，如果在数据库列出的预选材料中找不到所要的材料，则必须将这些参数输入数据库中。

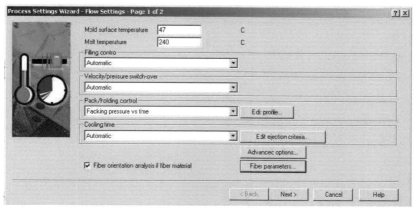

图270　在Moldflow中输入工艺参数的窗口。如果注射速度、保压开关、保压或冷却时间的数值缺失，可以勾选这些参数的"自动"选项。

浇口位置的选择

在模拟程序中进行任何计算之前，必须选择浇口大概放置的位置。如果不知道应该放在哪里，Moldflow能够给出一个建议合适的位置。

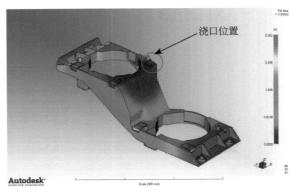

图271 图中黄色锥体处是选定的浇口位置。如果对填充不满意或者在高应力水平的地方出现熔接线，可以很容易地移动浇口位置，然后重新计算。

模拟

计算过程可能需要几个小时才能完成，具体取决于零件的复杂程度（网格模型的密度）或计算机的数据处理能力，模拟计算结果可以为以下问题提供答案：

- 这是最好的解决方案（是否可以优化）吗？
- 在考虑熔接线和缩水痕时，最好的浇口位置应该放在哪里？
- 注塑工艺怎么调？
- 如何平衡多腔模具？
- 材料选择如何影响最终产品？
- 为什么会出现质量问题（在分析过程后期进行分析）？

模拟产生的结果

各种模拟计算的结果通常以图表形式呈现。下面是可以分析的一些内容：

- 充填顺序；
- 压力分布；
- 冷却时间；
- 温度分布；
- 剪应力水平；
- 必要的合模力；
- 熔接线位置；
- 困气位置；
- 工艺参数；
- 玻璃纤维的取向。

充填顺序

在软件页面上可以看到不同颜色的函数显示的大灯外壳的填充时间。蓝色为最短的时间，红色是最长的时间。也可以看到产品最后被填充的地方（灰色）。通常填充过程是由动画显示的，也还可以用Flash格式查看填充过程。Flash格式的充填动画可用任何一台安装有Flash功能的浏览器的电脑播放。

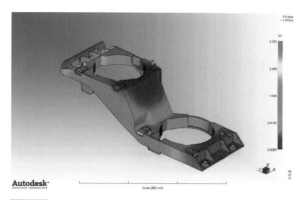

图272　由色谱显示的模具填充时间。右侧的轴显示以秒为单位表示的不同颜色。在尚未填满的灰色区域内，很可能会产生困气和熔接线。除了可以自己确定这些信息外，还有针对风险分析生成的具体图表。

压力分布

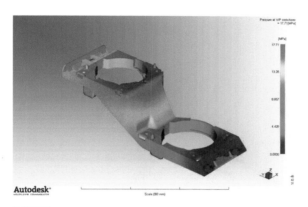

图273　用颜色表示的压力分布图。右边的轴以兆帕为单位由不同的颜色表示。可以看到，17.71MPa（这是规模最大值）的压力是不足以完全充填前大灯的，因为在底部仍然有一个灰色地带。

锁模力

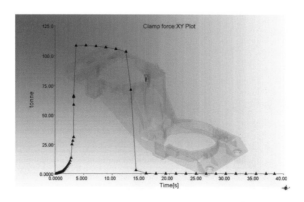

图274　通过Moldflow模流分析可以分析出需要多大锁模力。图像显示了整个注塑周期所需的锁模力。像这副大灯外壳模具，需要至少110t的锁模力。

冷却时间

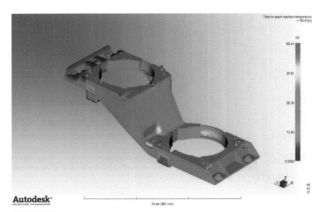

图275　在顶出产品之前所需的冷却时间。绿色区域大约相当于25s。但是,有一些红色区域需要50s。通过从一开始就优化这些区域的温度控制,将避免很多"昂贵的惊喜"(高昂的费用)。

温度控制

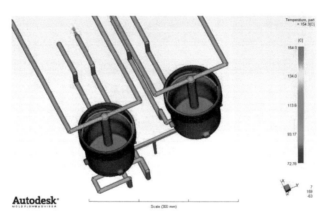

图276　如果得出温度控制不足的结论,可以使用Moldflow修改冷却水路,以便研究温度分布。图像显示了生产罐子的一模两腔模具中的冷却水路。

收缩和翘曲

大多数塑料都是各向异性的,这意味着与横向相比,诸如强度和收缩的性能会随着材料的流动方向而变化。如果不知道这一点,那么在开始使用新模具时,有关收缩和翘曲可能就是要面临的重大问题。热塑性塑料注射成型中常见的模具收缩取决于以下几个因素,如:

- 材料在各个方向上的收缩性能(浇口位置是主要因素);
- 分子链取向和模腔中的纤维取向;
- 产品壁厚的变化;

- 在成型过程中的保压及保压时间（收缩补偿）；
- 冷却过程中模腔内的温度分布。

如果由于上述任何因素产品内部的收缩率发生变化，则会在产品中产生内应力。这些应力导致产品在被脱模后时发生弯曲。

玻璃纤维取向

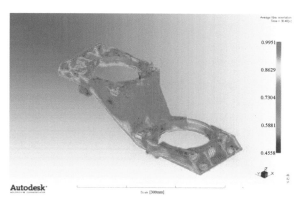

图277　通过使用Moldflow，可以看到填充过程中玻璃纤维在模腔内的取向。

翘曲分析

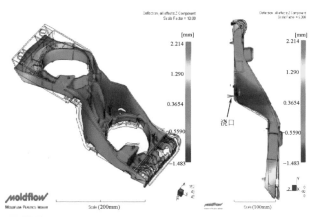

图278　Moldflow最先进的模块之一就是收缩和翘曲分析。图中为大灯外壳翘曲分析的结果。如图所示，如果将浇口放置在产品的中心，则左侧短边尺寸偏差大于2.2mm，右侧短边偏差大约1mm。

浇口位置

如果将浇口从大灯外壳的中部移动到图279所示的左侧，则翘曲值将显著降低，如图279所示。

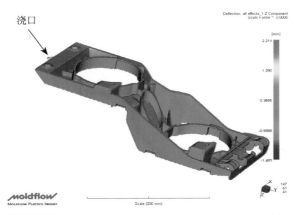

浇口

图279　通过将浇口移动到左侧短边，每个短边上只有约0.4mm的较小偏差，这是一个重大的改进。如果在已经量产的模具中进行这种改变代价是非常昂贵的。因此，只要存在可能的翘曲风险，在模拟过程的早期就可以提前进行调整。

材料更换

使用不同的材料有时可以作为移动浇口的替代方案。在图280中，浇口位于原来的位置，在头灯的中心，通过用未增强的非晶材料PC／ABS取代玻璃纤维增强的半结晶聚丙烯，可以看到翘曲显著减少。

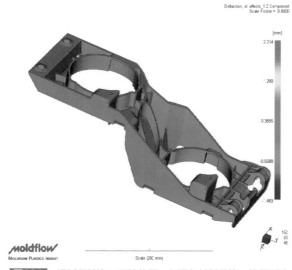

图280　通过保持浇口原始位置，但进行材料替换，将得到比图279中更小的偏差。

模拟软件

以下是模拟软件生产商的几个链接。

MoldFlow（Autodesk，美国）：www.moldflow.com。

CadMould（SimCon，德国）：www.simcon-worldwide.com。

Moldex3D（CoreTech，中国台湾）：www.moldex3d.com。

第**18**章　快速原型和叠加制造技术

在前一章中，我们介绍了各种原型模具。在这一章中，我们将研究在不使用金属模具的情况下制造产品原型或小批量生产系列的方法。

原型

在新产品开发过程中使用原型或模型的原因有：
- 缩短开发时间，使营销过程可以更早开始；
- 通常在开发过程中促进各方之间的沟通；
- 可以先测试产品的各种功能和（或）与其他配件间的配合；
- 感观和客观上虚拟模型不能完全取代实物模型。

制作模型是人类在历史上就一直在做的事情。现在大多数孩子通过玩乐高或橡皮泥与模型进行第一次接触。当今使用的先进的三维制造计算机技术是在20世纪80年代后期开发的，并已通过CAD/CAE/CAM/CNC技术迈出了重要的一步。

选择哪种技术完全取决于产品的复杂性。如果产品是几何形状简单的零件，那么使用铣削、激光或水切割等切割方法生产它通常更便宜。如果产品比较复杂，与切割技术相比，快速原型（叠加制造技术）可能是唯一可行的解决方案，或者可以说是更便宜的解决方案，即使材料明显更昂贵（聚酰胺板约50瑞典克朗/kg，SLA方法

图281　在计算机用于新产品的开发过程之前，原型和模型都是靠手工制作的。左图拍摄于瑞典卡尔斯克鲁纳海军博物馆。这两位1779年的海军将军决定使用一个非常细致的木制模型建造一艘新战舰。

中的光聚合物约3000瑞典克朗/ kg，2014年数据）。但是铣削模型的生产方法需要去除多达90%的原材料，而使用快速原型时的材料浪费量可以忽略不计。

快速成型（RP）

这种增材制造技术是很新的一种技术，有很多名字。在网上搜索时，以下术语可能会有所帮助：快速成型（RP），快速工具（RT），快速应用程序开发（RAD），叠加制造（AM）或3D打印。

我们将看看下面的方法：

① SLA——立体光固化成型法；

② SLS——选择性激光烧结成型法；

③ FDM——熔融沉积建模成型法；

④ 3DP——三维打印成型法；

⑤ Pjet——喷射技术成型法。

所有方法都基于计算机3D模型（CAD），然后转换为STL文件（立体光刻成型）。然后，计算机程序分层"切割"模型，然后由快速成型设备逐层堆积材料，直到原型完成，如图282、图283所示。从CAD模型到STL文件的评估过程通常需要几分钟才能完成。

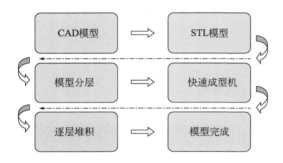

图282 用增材制造生产原型的程序。

图283 由大量层组成的弹性波纹管的SLS模型的示例。

SLA——立体光固化快速原型技术

这种方法是20世纪80年代后期首次在市场上推出的。该方法的原理是在槽体中通过激光使光敏聚合物硬化。计算机控制的镜子可以使紫外激光束扫过聚合物表面。当光束碰到聚合物表面时，聚合物固化并形成一层约0.1mm的层并牢固地与前一层黏合在一起。

部件放立在一个平台上，每当增加一个新层时，平台降低0.1mm。使用SLA构建部件每厘米需要大约一个小时。

最后将部件在烤箱中固化。

使用SLA方法的优点如下：

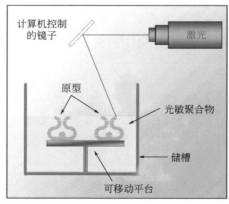

图284 SLA方法的原理。激光束照射在表面，使液体光敏聚合物固化。

- 成型速度快，整个过程可以在几个小时内完成；
- 与其他RP方法相比，SLA产品的表面光洁度更好；
- 可以成型透明产品；
- 可满足±0.1mm的公差；
- 通常没有翘曲问题；
- 最薄可以做到0.35mm厚；
- 其产品可以作为模板用来制作可以量产的硅胶模具；
- 零部件生产浪费可以忽略不计；
- 可用于陶瓷类材料。

图285　Accura Bluestone是适用于SLA的一种高刚度、坚硬且耐热的材料。

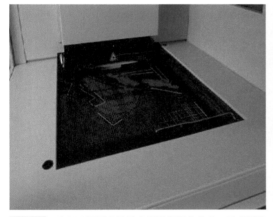

图286　在SLA机器中的这个带孔的操作台上，这个蓝色的图案就是脉冲激光横扫光敏聚合物的表面并且绘制出产品的一个层。

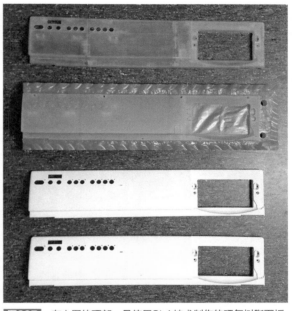

图287　在上图的顶部，是使用SLA技术制作的环氧树脂面板。在SLA面板的下面是使用SLA面板制作的硅胶模具的下半部分。在硅胶模具的下面，是一个在该硅胶模具中生产的由聚氨酯（热固性）制成的原型。最底部是最后的ABS成品面板。

使用SLA方法的局限性如下：
- 只有约20种不同的UV光固化环氧树脂牌号可供选择；
- 在大多数情况下，产品不能用于功能测试（可能会太脆弱）；
- 产品表面通常需要抛光；
- 产品可能需要支撑结构；
- 一些SLA等级对湿度敏感；
- 大多数SLA材料不能用于50℃以上的温度，最高温度是170℃，而较高的温度会导致产品更脆。

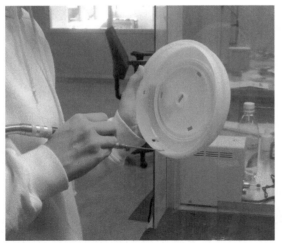

图288 SLA产品固化后，进行手动抛光。最后一步对于
SLA产品的价格影响很大。

来源：Acron Formservice AB

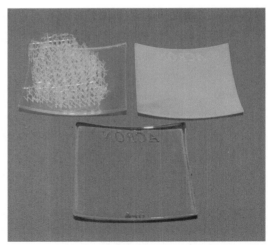

图289 图中左上方，是一个透明的零件，背面有在其固
化后立即生成微型支撑柱。右边是与左边相同的零件经过
处理后的样子。最下边是被涂上一层清漆后的零件。这些
零件在最初是清澈透明的（可保留两年以上），但由于材料
的抗紫外线性能不好，会变得更黄。

来源：Acron Formservice AB

图290 在最左侧图片中，可以看到一个由SLA方法生产的产品原始表面。中间是已被修整并抛光了的产品。最右侧，我们
可以看到经过喷涂后并贴上标签的成品。
通过SLA，几乎可以得到近乎完美的预制品，包括一个系列产品的每一个部件。也可以进行各项性能测试。

来源：Acron Formservice AB

SLS（选择性激光烧结）

SLS方法比SLA方法晚一年面市，其与SLA的不同之处在于其通过使用CO_2激光将半结
晶聚合物熔融和烧结成粉末。首先使用反向旋转的滚柱将一层薄薄的粉末撒在移动的平台
上。然后，将粉末加热到刚好略低于熔点的温度。

通过使用计算机控制的镜子，激光束扫过粉末表面。激光束是脉动的，当它碰到表
面时，聚合物熔融并形成0.1mm的层，与底层一起熔融。每完成一个成品层，平台降低
0.1mm，从而使铺粉棍在表面上散布一层新的粉末。

使用SLS方法的优点如下：

● 有更多的聚合物可供选择，如具有或没有玻璃纤维的聚酰胺、PP、PEEK和热塑性弹性体；

● 不需要任何支撑结构，通过粉末就可以制造具有复杂几何形状的部件；

● 可以获得±0.2mm的公差；

● 最小加工壁厚为0.5mm；

● 耐高温性优异；

- 适合功能测试；
- 适合小批量生产。

使用SLS的限制如下：

- 与SLA相比，产品表面光洁度较差（部件表面粗糙）；
- 内应力（零件可能扭曲）；
- 原型需要抛光。

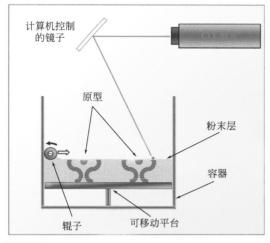

图291 在装有浅色粉末的容器中，深色的壁经由烧结的熔融材料制成。当最后一层被烧结时，其他任何残留的松散粉末将被去除。

图292 用PP制作的SLS模型，可以对其铰链和卡扣进行功能测试。

来源：Acron Formservice AB

图293 一台能够生产500mm×500mm×750mm尺寸零件的SLS机器。该机约72万欧元，用于制作原型和小批量生产（<2000个产品）。

来源：Acron Formservice AB

图294 PP11制成的地漏。所有的SLS材料都是多孔的，具有吸湿性。如果想对这个地漏进行性能测试，必须对其涂覆防水涂料。

FDM成型法

FDM的意思是"熔融沉积成型"。原材料是φ1mm的热塑性丝状线材，每千克价格在

200欧元以上，按卷材出售。线材在喷嘴中加热，高温熔融后，然后喷嘴由计算机控制并在水平方向上构建层。在构建下一个水平层之前，喷嘴进行距离等同于层厚度的垂直移动。每层与下层融合在一起。为了降低零件在其自重下的倒塌风险，可以使用另外的喷嘴来制造不与热塑性塑料一起熔融的支撑层。支撑层将与热塑性塑料同时生产，当零件完成后将被移除。

典型的喷嘴直径为0.127mm、0.178mm、0.2540mm和0.330mm，这也是每层的厚度。通常用于FDM的非晶热塑性塑料有：ABS，PC，PC／ABS，PEI，PLA和PPSU。

FDM成型法的优点如下：

- 可供选择的具有高强度和长期性能的非晶热塑性塑料选材多；
- 材料耐高温，可通过FDA、ISO 10993-1和V-0认证；
- 可制造高精度、无内应力且具有复杂几何形状和薄壁的零件；
- 公差可低至0.127mm；
- 壁厚可至0.25mm；
- 良好的再生性使得FDM适用于小批量生产。

使用FDM的局限性如下：

- 与SLA（需要抛光的粗糙表面）相比，表面光洁度较差；
- 与SLA相比，精度较低。

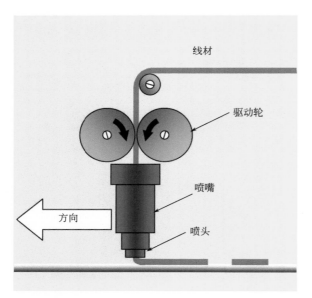

图295　FDM成型法的原理。一串熔化的高黏度热塑性塑料正在被一层一层地堆叠。

图296　在图①和图②中，逐层建立蓝色的产品部分和红色的支撑层。图③显示的是从机器上取下的部件。图④是部件清洗完毕并准备交付之后的成品状态。
来源：Digital Mechanics AB

3D打印

市场上有几种3D方法可供选择。其中许多都可以在YouTube上搜索到视频。可以试试在互联网上用"YouTube快速原型"进行搜索。有些生产商使用石膏材料,还有的生产商使用硬质或弹性塑料。Z公司的3D打印法是使用石膏粉和有四色头的专用喷墨打印机。墨水中包含胶水黏合剂,可以得到与CAD模型中一样的颜色。当墨滴撞击石膏粉时,它们会与底层"黏合"在一起。一层又一层,每层厚度为0.08mm或0.15mm,按照与SLS方法所述相同的方式构建。

近年来,市场上出现了几种小型3D打印机。价格从1000欧元到20000欧元不等。但是只能使用ABS作为打印材料。这种简单的低成本型号打印机缺少温度控制器和用于打印支撑材料的喷嘴。

使用3D打印的特点如下。

+ 生产成本低
+ 出色的视觉效果
+ 精度高又快
+ 节省空间(可提供桌面使用型号)
– 表面光洁度差(需要打磨)

– 只能使用ABS作为原料
– 产品精度低
– 不适合力学性能测试
– 与普通打印机相比,打印速度更慢
– 如果缺乏加热室,产品会有内部应力的风险

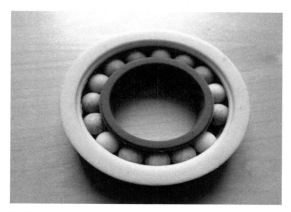

图297　使用3D打印方法用石膏制成的轴承。

图298　Stratasys公司 10000欧元级的3D打印机桌面模型。在前面,可以看到ABS长丝线轴以及机器中生产的各种颜色的面板。

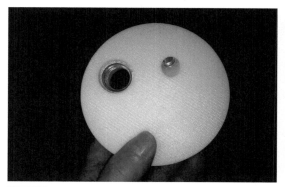

图299　通过使用FDM方法,可以添加能被熔融塑料线材包覆的金属嵌件。
来源:Protech AB

图300　带有铰链和卡扣配合的电池盒功能模型,是由图298所示的3D打印机中制造的。
来源:Protech AB

聚合物喷射技术（PolyJet）

PolyJet是由以色列公司Object Inc.在21世纪初开发的。该方法使用与喷墨打印机类似的工艺，但是油墨被液态丙烯酸基光敏聚合物取代。在打印块的侧面放置紫外线灯，使得光敏聚合物喷出时立即凝固。

这是目前快速成型中成型速度最快的方法之一，精度可以高达到每层0.016mm，从而生产出具有精密细节的高质量"造型原型"。与FDM方法一样，PolyJet也使用凝胶状水溶性的支撑材料。一旦零件加工完成，支撑材料将被冲洗掉。

图301 在Digital Mechanics AB内部的PolyJet机器，在PolyJet机后面是FDM机器，可以看到FDM占用的空间大得多。

支撑材料与光敏聚合物是同时"打印"的。任何后续的固化、修整或抛光都不需要。

使用PolyJet方法的特点如下。

+ 高速度，高品质
+ 壁厚可低至0.3mm
+ 清洁，适用于办公室环境
+ 可以同时使用不同颜色或硬度的两种不同材料，而且有多达30种不同的组合
- 只能使用丙烯酸塑料
- 不太适合功能测试
- 材料会在负载下蠕变
- 缺乏长期的材料数据

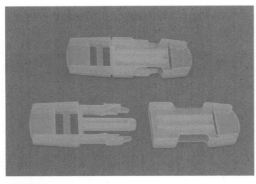

图302 由PolyJet制造的锁扣原型。制作时间约半小时。无论是填满整块板还是只做一个锁扣，时间都是一样的。该材料可以承受几次卡扣功能测试，但不能承受拉力。

来源：Digital Mechanics AB

图303 图301中的PolyJet机器的打印机模块。该模块有8个打印头96个通道。其中四个用于打印支撑材料，另外四个用于打印光敏聚合物。当制造双色产品时，任何打印头都可用于这两种材料组合。

来源：Digital Mechanics AB

增材制造

不同的快速成型方法不仅用于生产原型和模型，还可以用于单件或小批量生产。这种生产有几个名称和缩写，增材制造（AM）、直接数字制造（DDM）和快速制造（RM）是一些最常见的名称。不管使用哪种方法，起点始终是3D数据。可以将产品区分成四类：

- 原理模型；
- 功能模型；
- 夹具；
- 最终使用的产品。

图305～图312为产品实例，从装饰品到高级航空仪表，它们都是用增材技术制造的。

图304 一个车轮悬架的原理模型。该模型是使用PolyJet机器的双组分技术制成的。通过同时混合两种不同的丙烯酸树脂，获得了不同的颜色和硬度。车轮由软质材料（邵尔A 70度）制成，而梁由刚性材料制成。
来源：Digital Mechanics AB

3D 打印产品　可交付成品

图305 用于装饰婚礼蛋糕的新娘和新郎。这是使用3D打印技术用石膏生产的全色单件产品。计算机程序根据每个新娘和新郎的四张照片创建3D模型，大约两个小时完成全过程。成品售价约250欧元。
来源：Digital Mechanics AB

图306 使用FDM技术制成的透明ABS汽车尾灯。这就是"按需制造"的一个例子并且正在其需求稳步增长，例如用于老式汽车或MC的配件以及豪华汽车的小零件。
来源：Protech AB

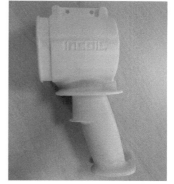

图307 由FDM方法用聚碳酸酯制成的器械手柄。将手柄立起来放置以获得最佳的冲击强度。生产这个手柄花了大约15h。需求量每年只有50个，是小规模系列生产的例子。
来源：Digital Mechanics AB

图308、图309 左侧图308是机械手的抓手，右侧图309是用于安装设备的零部件。两者都是以聚酰胺为原料采用SLS生产，之后拧入黄铜套管并用胶水固定。
来源：Acron Formservice AB

图310 由FDM小规模制造的机器零件。
来源：Protech AB

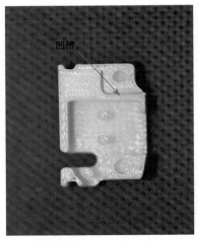

图311 左侧这张图片显示的是一个非常先进的陀螺稳定电光系统。这种设备多用于无人机和直升机。这个摄像头系统中有一些精度非常高的ABS元件，就是采用FDM技术制造的。

来源：DST Control AB

图312 由FDM方法生产的成千上万的电子零件。该零件有一个0.2mm宽的凹槽，因为这个凹槽注塑模模芯不能很好地冷却，所以不能注射成型。

来源：Digital Mechanics AB

第**19**章　模具成本核算

　　大多数模塑商使用先进的计算机软件来估算模具成本和注塑件成本。但是，基本上注塑机技术人员却很少能够了解或使用这种软件，尽管他们有可能通过调整注塑参数来直接影响生产成本的。

　　当产品发生不良缺陷时，调机人员会增加冷却时间，然后，他们忘记改变原来参数，保存以便下次模具生产时使用。这种情况是经常发生的，而那些额外的秒数可能意味着每年不必要的生产成本达到数千欧元，也很可能降低公司的竞争力。

　　本章的目的是说明如何对注塑件进行详细的成本估算。调机人员也有一个工具，使他/她可以看到如何调整工艺来影响产品的成本。该工具是基于Microsoft Excel文档，可从www.brucon.se下载。用户不需要丰富的Excel知识来填写所需的输入值便能立即获得图313所示的最终成本图片。

　　本章的其余部分将解释如何使用Excel文件以及不同的输入值的意义。

　　当打开名为Cost calculator.xls的文件时，必须先将该文件复制到计算机的硬盘驱动器，否则宏功能将无法工作。根据如何为自己的Excel程序设置默认值，可能需要修改安全设置。在本书作者的主页上也可以找到关于如何完成的详细信息。Excel文件处于"只读"模式，所以一旦完成，需要以不同的名字另存。

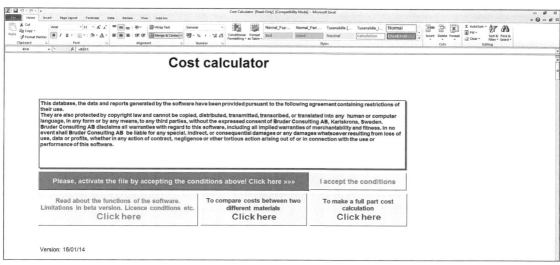

图313　打开Excel文件后的开始菜单。

129

这里面有三种不同的功能可供选择：

① 阅读这个软件的功能；

② 比较两种不同材料的成本；

③ 全面成本计算。

在点击 I accept the conditions（我接受条件）键之前，只能 Read about the functions of the software（阅读软件的功能）。其他两个键只能显示空白页。

The file is active. Select one of the buttons below!	I accept the conditions

图314 一旦点击了 I accept the conditions（**我接受条件**），你会看到"文件处于活动状态"，如上所示，现在可以使用所有不同的功能。

产品成本计算器

我们先从 Part cost calculator（产品成本计算器）开始，这是最先进的功能，然后在结束本章最后的 Material comparison calculator（材料比较计算器）之前研究完所有的输入值。

在"产品成本计算器"中，可以对单个零件、总交货量或年产量进行相对完整的成本计算。在蓝色文本中填充白色输入字段时，快速进入下一个字段的方法是使用计算机键盘上的"Tab"键。

最终结果是获得产品的销售价格，但也可以使用预期的利润来获得销售价格。

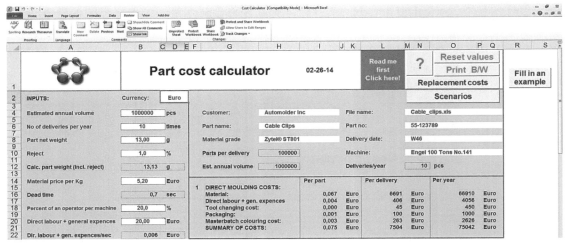

图315 如果希望使用图中所示数值进行练习，只需点击"Fill in an example（填写示例）"键，电子表格将自动填写数值。

开始使用这个电子表格时，需要在左上角输入货币单位。一旦填入了货币单位（即美元、欧元或任何你想使用的货币），所有填入的年度交易量的数字，都将以选定的货币单位显示。

按"Tab"键到下一填写区域Estimated annual volume（预计年产量），然后再转到Customer（客户）和Filename（文件名）里填写上相关信息。

下一个输入字段是**Number of deliveries per year**（每年交货次数）。在填写到该字段后，程序就能够计算并用虚线框的窗口中显示**Parts per delivery**（每次交货量）。

下一个要填写的输入字段是**Part name**（零件名称）和**Part no**（零件号）。

下一个数字字段是**Part net weight**（产品净重）。如果产品已经生产了，就填写产品的实际重量，如果没有就填写估算值。

其他要填写的数据字段是**Material grade**（材料等级）和**Delivery date**（交货日期）。

下一个数字字段是**Reject**（报废率）。在字段的右上角有一个小的红色三角形。这个红色三角形会出现在几个输入栏中。它表明，如果这个请求的值是未知的，可以通过将鼠标指针放在该特定字段上来获得建议值。在这个例子中，报废率的值估计在0.5%～2%。一旦添加了报废率，程序将计算出**Calculated part weight**（incl. reject），即**核算的零件重量（包括废品）**。这个重量是考虑到由于报废率所料需要的一些额外的材料。这里给出了一个中间值，在黑色虚线框中标记为蓝色。

信息窗口中的最后一个字段是**Machine**（机器），意思是生产该产品要使用的机器。再下一个数值输入字段是**Material price per kg**（每公斤的材料价格），一旦输入了这个值，就可以在结果窗口中看到**Direct moulding costs**（直接成型费用）。这里是每个产品、每次交货和每年产量的材料成本的计算结果。每次在字段中输入数值时，计算结果将显示在电子表格的结果窗口中。

下一个输入字段是**Percent of an operator per machine**（每台机器上操作人员的百分比）。将鼠标指针放在字段上方，可以看到"如果一个操作人员只控制一台机器该操作人员的百分比= 100%。如果一个操作人员控制5台机器，该操作人员的百分比= 20%"等内容。

在**Direct labour and general expenses**（直接人工费用和一般费用）框里，计算包括人员业务费用在内的总工资，程序然后计算为每秒的费用。

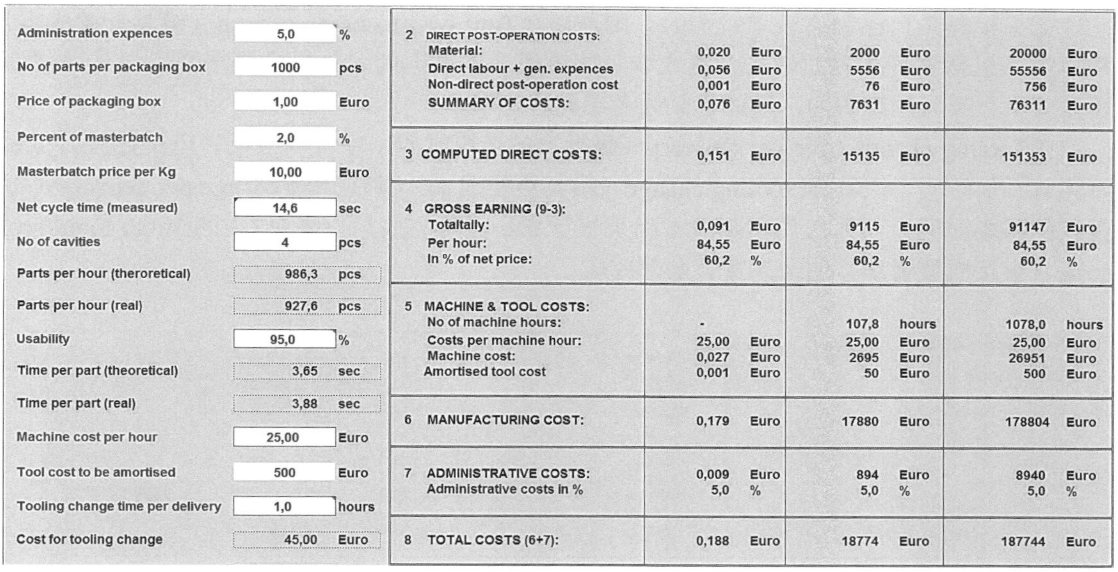

Administration expences	5,0	%		2	DIRECT POST-OPERATION COSTS:							
					Material:	0,020	Euro	2000	Euro	20000	Euro	
No of parts per packaging box	1000	pcs			Direct labour + gen. expences	0,056	Euro	5556	Euro	55556	Euro	
					Non-direct post-operation cost	0,001	Euro	76	Euro	756	Euro	
Price of packaging box	1,00	Euro			SUMMARY OF COSTS:	0,076	Euro	7631	Euro	76311	Euro	
Percent of masterbatch	2,0	%										
Masterbatch price per Kg	10,00	Euro		3	COMPUTED DIRECT COSTS:	0,151	Euro	15135	Euro	151353	Euro	
Net cycle time (measured)	14,6	sec		4	GROSS EARNING (9-3):							
					Totaltally:	0,091	Euro	9115	Euro	91147	Euro	
No of cavities	4	pcs			Per hour:	84,55	Euro	84,55	Euro	84,55	Euro	
					In % of net price:	60,2	%	60,2	%	60,2	%	
Parts per hour (theroretical)	986,3	pcs										
Parts per hour (real)	927,6	pcs		5	MACHINE & TOOL COSTS:							
					No of machine hours:	-		107,8	hours	1078,0	hours	
Usability	95,0	%			Costs per machine hour:	25,00	Euro	25,00	Euro	25,00	Euro	
Time per part (theoretical)	3,65	sec			Machine cost:	0,027	Euro	2695	Euro	26951	Euro	
					Amortised tool cost	0,001	Euro	50	Euro	500	Euro	
Time per part (real)	3,88	sec										
Machine cost per hour	25,00	Euro		6	MANUFACTURING COST:	0,179	Euro	17880	Euro	178804	Euro	
Tool cost to be amortised	500	Euro		7	ADMINISTRATIVE COSTS:	0,009	Euro	894	Euro	8940	Euro	
					Administrative costs in %	5,0	%	5,0	%	5,0	%	
Tooling change time per delivery	1,0	hours										
Cost for tooling change	45,00	Euro		8	TOTAL COSTS (6+7):	0,188	Euro	18774	Euro	187744	Euro	

图316　输入字段为白底蓝字，计算字段为蓝底黑字。

在**Administration expenses**（管理费用）中，输入公司估算的运营费用的百分比。这些包括管理成本、能源成本、营销成本、沟通成本等。根据公司的规模来算，通常在5%～10%的范围内。

为了进行详细完整的计算，**Number of parts per packaging box（每个包装箱的产品数量）**和**Price of packaging box（包装箱的价格）**（参见图316）都有相应的字段。结果将显示在结果窗口中**Direct moulding costs（直接成型费用）**下的**Packaging（包装）**一栏。

如果需要使用色母粒为树脂着色，则需填写下两个输入栏中的**Percent of masterbatch（色母粒百分比）**和**Masterbatch price per kg（每公斤色母粒的价格）**。如果使用的树脂具有天然颜色或完全符合的颜色，可以跳过这些字段。

下一个输入字段是**Net cycle time（measured）（周期预估）**。如果零件以前从未成型过，则必须填写预估的周期。

在**Number of cavities（腔数）**字段中，应输入实际数量或设计的型腔数。现在程序将计算**Parts per hour（每小时零件产量）**的理论值。一旦机器的**Usability（利用率）**的百分比（机器全面生产的时间除以24小时）填写后，就能计算出**Parts per hour（每小时零件产量）**的实际值（理论值）。正常情况下，每天有几次停机，例如维护、故障维修和换模。一般三班生产通产机器利用率在90%～98%是可接受的。

对于**Parts per hour（real），即每小时产品产量（实际）**的计算需要考虑到可能还要一些额外的注塑来填补不合格品。当计算出每小时零件产量时，同时还可以得到**Time per part（theoretical）（每个产品的理论生产时间）**和**Time per part（real）（每个产品的实际生产时间）**的值。

在**Machine cost per hour（每小时机器成本）**中，要包含机器折旧费、维护费、能源消耗的总和，再加上机械手成本等。

比较不同模塑商的计算结果时，会发现他们可能存在很大的差距，这就是根据他们如何计算这些成本造成的。

如果模具是自己制造或者采购的，则需要在**Tool cost to be amortised（模具分摊成本）**栏里填上包括维护在内的模具分摊成本。如果模具不是你的，你只是生产商，但是通常你还是要负责模具的维护的，所以也必须考虑到这些成本。

在**Tooling change time per delivery（每批次的换模时间）**中，应该填写模具更换的实际时间或预估时间。**Cost for tooling change（模具更换成本）**即**Tooling change per delivery（每批次的换模时间）**与人工的实际成本相乘来计算。添加完成后，图317中的**Direct moulding costs（直接成型费用）**的结果窗就全部完成了。

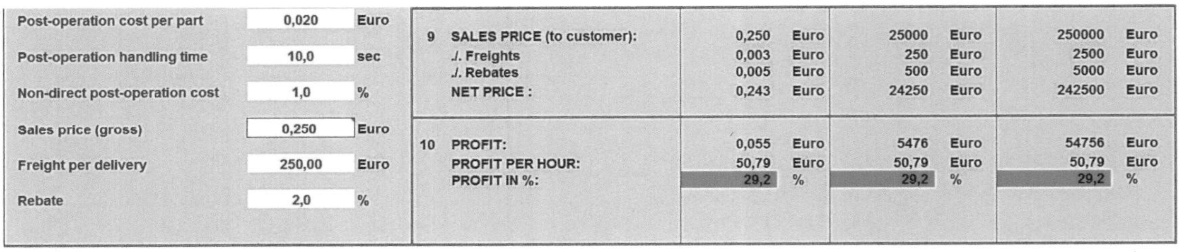

Post-operation cost per part	0,020	Euro		9	SALES PRICE (to customer):	0,250	Euro		25000	Euro		250000	Euro
					J. Freights	0,003	Euro		250	Euro		2500	Euro
Post-operation handling time	10,0	sec			J. Rebates	0,005	Euro		500	Euro		5000	Euro
Non-direct post-operation cost	1,0	%			NET PRICE :	0,243	Euro		24250	Euro		242500	Euro
Sales price (gross)	0,250	Euro											
Freight per delivery	250,00	Euro		10	PROFIT:	0,055	Euro		5476	Euro		54756	Euro
					PROFIT PER HOUR:	50,79	Euro		50,79	Euro		50,79	Euro
Rebate	2,0	%			PROFIT IN %:	29,2	%		29,2	%		29,2	%

图317 计算表底部绿色显示的是正利润。

如果产品还要有任何后续处理费用，包括添加标签、润滑油、喷漆或镀铬，可以在

Post-operation cost per part（单个零件后处理费用）里增加成本。

如果对上述成本有手动处理，可以将时间输入到名为**Post-operation handling time（后处理手工时间）**的字段中。结果可以在图318的**Direct moulding costs pane（直接成型成本）**中的**Direct labour and general expenses（直接人工费用和一般费用）**中找到。

Cost for tooling change	45,00 Euro	8 TOTAL COSTS (6+7):	0,188 Euro	18774 Euro	187744 Euro

图318　当计算了Non-direct post-operation costs（非直接的后处理成本）时，也会加到Total costs（总成本）里。

需要填写的最后一部分是**Sales price（gross）[销售价格（合计）]**，其中利润在**Freight per delivery（每次交货运费）**和/或**Rebate（回扣）**的成本填写后即可得出。

如果"销售价格"字段为空，则会在电子表格底部弹出一个名为**Net profit in %（净利润）**的新字段（图319）。

Post-operation cost per part	0,020 Euro	9 SALES PRICE (to customer):	0,235 Euro	23468 Euro	234680 Euro
Post-operation handling time	10,0 sec	./. Freights	0,003 Euro	250 Euro	2500 Euro
Non-direct post-operation cost	1,0 %	./. Rebates	0,005 Euro	469 Euro	4694 Euro
Sales price (gross)	0,000 Euro	NET PRICE :	0,227 Euro	22749 Euro	227487 Euro
Freight per delivery	250,00 Euro	10 PROFIT:	0,040 Euro	3974 Euro	39742 Euro
Rebate	2,0 %	PROFIT PER HOUR:	36,87 Euro	36,87 Euro	36,87 Euro
Net profit in % (-> sales price)	25 %	PROFIT IN %:	21,2 %	21,2 %	21,2 %

图319　请注意，"销售价格（合计）"和"销售价格（客户）"是唯一有三位小数的字段。

如果**Net profit in %（-> sales price）[净利润%（->销售价格）]**以百分比填写，是可以看到给客户的价格是多少的。请看**Sales price（to customer）[销售价格（给客户）]**。

举一个例子：如果利润已经设置25%，那么扣除运输成本（每次运送）和回扣后总利润就会减少3.8%，最终总利润为21.2%。

在本章开始的时候，我们提到调机人员有时会在生产过程中发现一些问题时增加冷却时间，而在问题处理后又忘记重新调整回原来的工艺时间就结束工作。通常情况下，冷却时间的增加就会增加等量的成型周期。让我们来看一个例子，说明两秒钟的额外冷却时间将如何影响上述电子表格中的利润。下面我们用16.6s的时间来替换**Net cycle time (measured)（实际周期）**（见图316）中的实际值（14.6s），看看这会如何影响**Profit（利润）**。

首先，选回图317所示的设定方案，即0.250欧元的销售价格，29.2%的利润。然后，单击工作表右上方的Scenarios（方案）键，如图315所示。

产品成本清单

在图320的电子表格中，我们可以看到原来的**Annual Loss/Profit（年度亏损/利润）**是**54,756**欧元，**Loss/Profit in %（亏损/利润的百分比）**是29.2%。如果我们把**Alt.1**这一列里的**Net cycle time（measured）**，即**净循环时间（测量）**增加两秒钟，从14.6s增加到16.6s，利润将减少4.460欧元，降至50296欧元，利润率下降至26.2%。列中的所有受此周期时间变化影响的字段均以黄色高亮显示。

| | Part cost scenarios | | | | | | 01-16-14 | Read me first Click here! | Currency: Reduce no of decimals | ? | Reset values / Print B/W / Part cost calculator |

	Part cost calc. 54756 29,2	Unit	Alt. 1	Alt. 2	Alt. 3	Alt. 4	Alt. 5	Alt. 6	Alt. 7	Alt. 8	Alt. 9	Alt. 10
Annual Loss / Profit	54756	Euro	50296	54755	54756	54756	54756	54756	54756	54756	54756	54756
Loss / Profit in %	29,2	%	26,2	29,2	29,2	29,2	29,2	29,2	29,2	29,2	29,2	29,2
Difference Loss / Profit			-4460	-1								
Estimated annual volume	1000000	pcs	1000000	1000000	1000000	1000000	1000000	1000000	1000000	1000000	1000000	1000000
No of deliveries per year	10	times	10	10	10	10	10	10	10	10	10	10
Part net weight	13,00	g	13,00	13,00	13,00	13,00	13,00	13,00	13,00	13,00	13,00	13,00
Reject	1,0	%	1,0	1,0	1,0	1,0	1,0	1,0	1,0	1,0	1,0	1,0
Calc. part weight (incl. reject)	13,13	g	13,13	13,13	13,13	13,13	13,13	13,13	13,13	13,13	13,13	13,13
Material price per Kg	5,20	Euro	5,20	4,87	5,20	5,20	5,20	5,20	5,20	5,20	5,20	5,20
Dead time	0,7	sec	0,8	0,8	0,7	0,7	0,7	0,7	0,7	0,7	0,7	0,7
No of operator per machine	20,0	%	20,0	20,0	20,0	20,0	20,0	20,0	20,0	20,0	20,0	20,0
Direct labour + general expences	20,00	Euro	20,00	20,00	20,00	20,00	20,00	20,00	20,00	20,00	20,00	20,00
Dir. labour + gen. expences/sec	0,006	Euro	0,006	0,006	0,006	0,006	0,006	0,006	0,006	0,006	0,006	0,006
Administration expences	5,0	%	5,0	5,0	5,0	5,0	5,0	5,0	5,0	5,0	5,0	5,0
No of parts per packaging box	1000	pcs	1000	1000	1000	1000	1000	1000	1000	1000	1000	1000
Price of packaging box	1,00	Euro	1,00	1,00	1,00	1,00	1,00	1,00	1,00	1,00	1,00	1,00
Percent of masterbatch	2,0	%	2,0	2,0	2,0	2,0	2,0	2,0	2,0	2,0	2,0	2,0
Masterbatch price per Kg	10,00	Euro	10,00	10,00	10,00	10,00	10,00	10,00	10,00	10,00	10,00	10,00
Net cycle time (measured)	14,6	pcs	16,6	16,6	14,6	14,6	14,6	14,6	14,6	14,6	14,6	14,6

图320 如果点击Part cost scenarios（产品成本清单）键，就会看到上面的电子表格。在绿色单元Part cost calc（产品成本计算）下，会看到与之前电子表格中相同的值。在后面的各列项中重复这些值，在这里可以输入替代值。

　　在Alt.2列中，我们让新的周期时间保持不变，然后看材料价格必须降低多少才能保持原来的利润。结果是材料每千克价格必须下降大约0.33欧元，降为4.87欧元。

　　有了这两个例子，您应该明白，电子表格"产品成本清单"可以成为一个非常有用的工具，既可以计算新产品的价格，也可以让调机师更好地理解怎样的设置让他/她可以控制或者影响经济成本。

　　以下是一个简单的计算，可以作为一个产品部分更改影响经济后果的例子。

成本替换

　　通过单击起始页上的Replacement costs（成本替换）键，将得到成本计算器中的最后一个功能，如图321所示。在这里，您也可以点击"填写范例"键来练习。

　　在"成本替换表"中，可以对一些材料进行比较以及比较两种不同材料的机器成本。把鼠标悬停在红色Read me first Click here（先点这阅读我）单元格上，可以得到一个如何在此表格中进行操作的快速指南。

　　注意：要想使电子表格运作，需要填写所有右上角包含红色小三角形的白色字段。

134

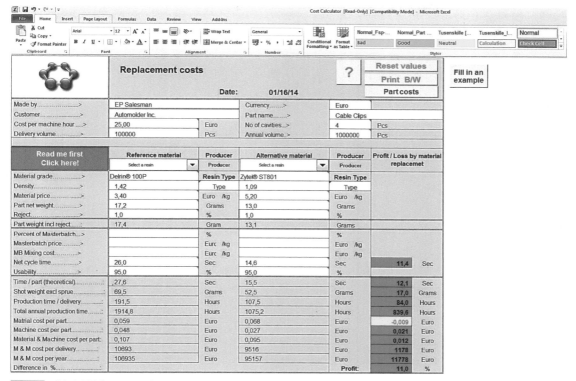

图321　"成本替换"电子表格能够轻松比较大量特定材料等级之间的材料和机器成本。

表格中有3130个预编程材料等级可供选择。请参阅下拉菜单或使用**Select a resin（选择树脂）**键。一旦**Material grade（材料等级）**被选定，其**Density（密度）**将自动显示。如果在列表中找不到所需的材料，也可以手动填写材料等级名称和密度。一旦为**Reference material（参考材料）**输入了**Part net weight（产品净重）**，**Alternative material（替代材料）**的重量也将根据其密度自动计算。如果此重量偏离实际测量值，也可以手动填写。

Reject（报废率）的一般值是0.5%～2%，而3班倒的机器**Usability（利用率）**在90%～98%。

用另一种料替换参考材料时，在电子表格的右下角可以看到**Profit（利润）**或**Loss（损失）**的结果。

图321中的电子表格是以用杜邦公司一种名为Delrin 100的坚韧的聚甲醛生产的电缆夹为例。这种材料在与其他材料的比较中是用作参考材料。最终用户对这种材料的选择并不完全满意，希望测试其他更坚韧的材料。最后选择了一种"超强韧"的PA66牌号，也是杜邦公司生产的，牌号为Zytel ST801。

当建议材料为Zytel ST801时，有人反对，因为这种材料被认为太贵了，每公斤要增加1.80欧元的成本。但经过测试，结果显示，尽管Zytel ST801的材料价格较高，但仍然可以获得11778欧元的利润增长。原因在于替代材料具有较低的密度和较短的成型周期。仅靠Zytel ST801的密度降低还不足以弥补与聚甲醛相比的1.80欧元的价格差异。这导致每件产品损失0.009欧元。

但是由于Zytel ST801的成型周期缩短11.4秒，因为它不需要像聚甲醛这样长的保压时间，所以每个产品的利润为0.021欧元。每个产品的总利润约为0.012欧元，那么每生产一百万个产品，每年的利润就达到11778欧元。

注意：如果Profit/Loss by material replacement（材料替换的利润/损失）列中的某个字段显示为绿底黑字，则表示替代材料具有优势。如果字段是黄底红字，则说明参考材料是有优势的。

第**20**章 热塑性塑料可选择的加工方法

吹塑

吹塑是一个把热塑性材料加工成中空的产品的全自动化的加工工艺。吹塑主要有两种形式。第一种是将一个称为"型坯"的中空管挤出到两个半模之间的空腔中（见图322）。第二种，是一个注射成型的"预成型件"在模腔中被加热、吹气（参见图323）。大多数PET软饮料瓶都是以这种方式生产的。

通常，只有具有相对较高黏度的特殊等级材料才能被用于吹塑，例如，PE、PP、PVC、PET、PA和一些热塑性弹性体。

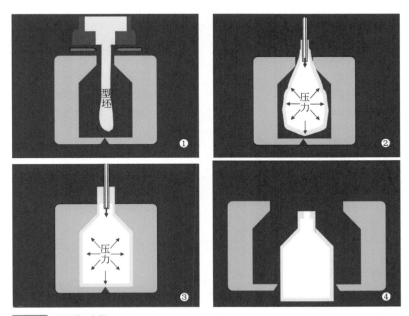

图322 用型坯吹塑。

图①显示挤出管通过挤出机头进入型腔。

在图②中，模具已经移动到下一个工位，在那里用压缩空气将管吹向模腔壁。

在图③中，挤出管已经被完全压向模腔壁并被冷却。

图④显示了从模具中脱出的成品。

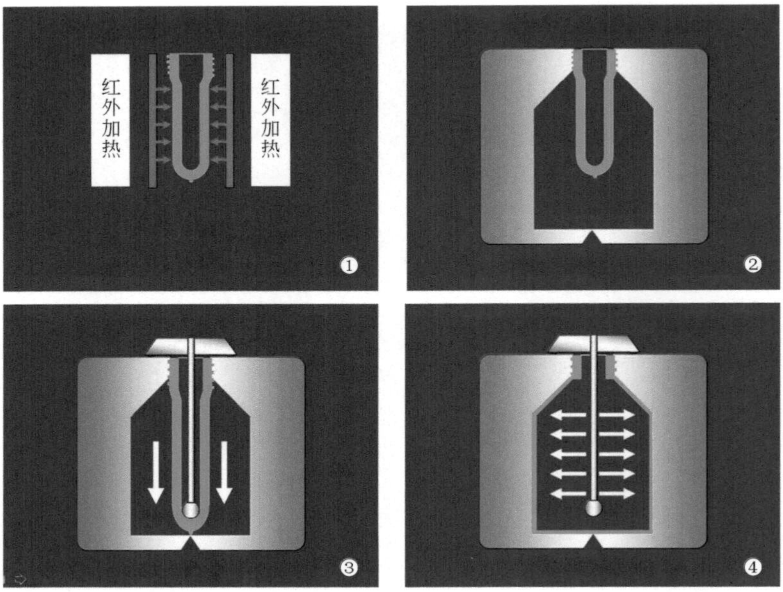

图323 用预制件吹塑。

图①显示了预制件被红外元件加热。

在图②中，预制件已经被放入模具中，模具处于合模状态。

在图③中，用一个球头棒将预制件拉向模腔的底部。

在图④中，使用压缩空气将预制件吹向腔壁，然后产品冷却后脱出。

复合挤出机可以挤出不同层的型坯，例如用于改善产品的阻隔性能。软管也可以依次挤出，例如，软段与刚性段交替生成具有集成软波纹管的刚性管。

吹塑的优点（+）和缺点（–）如下。

+ 可以生产大型产品
+ 可以生产薄壁产品
+ 产品可以有复杂的形状
+ 可以制作多种材料组合件

– 不适合所有塑料
– 产品表面光洁度相对较差
– 设备成本高，只适合大批量生产
– 难以保持严格的公差

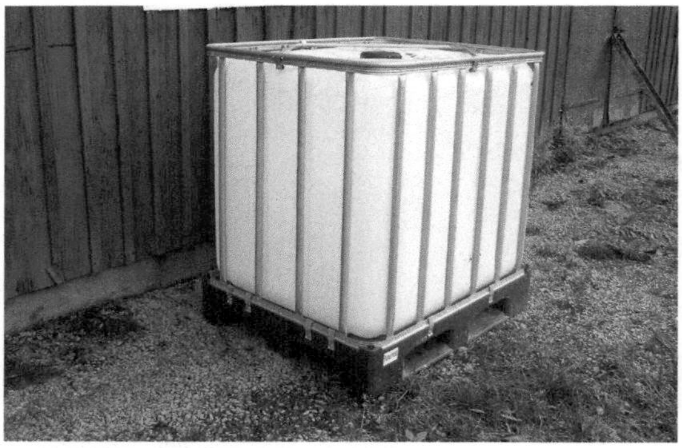

图324 罐体采用型坯吹塑生产，体积约$1m^3$。

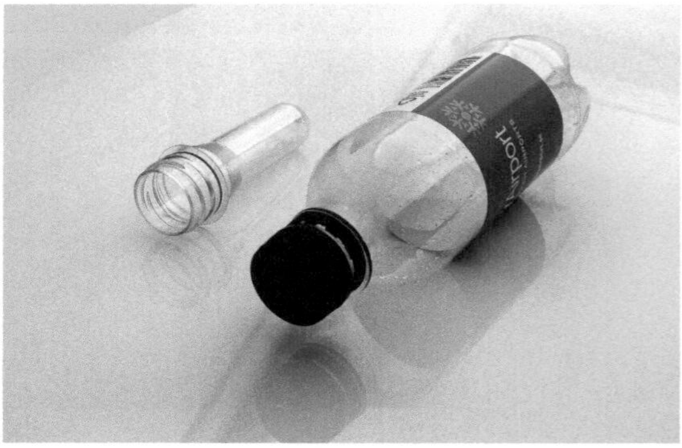

图325 该PET瓶由图中左侧的瓶坯制成。

挤出

挤出成型是除注射成型外的第二大加工方法。

挤出是一个连续的过程，可以制造"无限长的"管材、型材、片材、薄膜、电缆和单丝。

挤出后也可以覆盖金属（如电缆）、纸张或织物涂层。另一种方法是吹膜。

在挤出生产线上，还可以添加不同的后加工工序，如印刷、冲压、铣削、切割、卷绕、植绒和降噪以获得成品。

挤出机也可以用于在塑料颗粒的混合或生产单丝的生产线。

图326　往挤出机里喂料与绞肉机的原理相同。不同之处在于，当塑料材料通过料筒传递时被加热熔化。

图327　拥有数条基础生产线的瑞典哥德堡Talent Plastics挤出车间。带有后处理操作站的挤出生产线很占空间。
来源：Talent Plastics AB

优点（+）和缺点（−）如下。

+ 可以使用各种各样的热塑性塑料
+ 挤出模比注塑模价格便宜得多
+ 可以制造所谓的多层管和型材
+ 可以制作宽幅片材
+ 可以制造薄壁产品（例如薄膜）
+ 可以在中间挤出泡沫
+ 可以包覆金属芯（例如电缆和电线）
+ 可以制作波纹管和管材
+ 可以制作发泡产品
+ 可以获得严格的公差
+ 可以获得良好的表面光洁度

图328　盘成螺旋状的产品可以是在生产线上生产好的，也可以在后工艺完成。

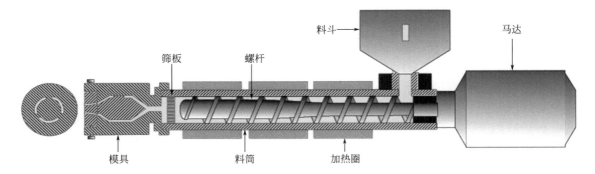

图329 在料筒内部有一个由马达驱动的螺杆（或双螺杆），马达可以位于螺杆/双螺杆后面或者下面。塑料材料通过料斗或自动供料机通过管道送入料筒的后部。在图片中，黄色代表塑料材料。螺杆一直在旋转，把加热熔融的塑料通过料筒输出。热量是通过加热圈加热以及料筒与螺杆之间产生的摩擦来获得的。在料筒的前面有一个筛板，作用是使熔体更均匀。模具位于筛板之后并形成型材。

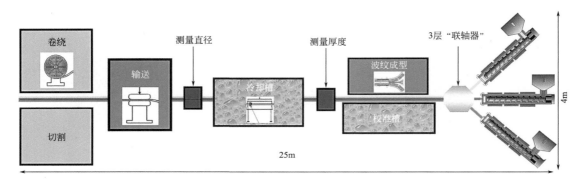

图330 用于生产三色型材的挤出生产线

每种颜色要一台挤出机。一条主要的挤出生产线是从挤出机/多组挤出机和前端用来形成产品形状的模具开始的。在模具之后通常会有一个在真空条件下进行微调的校准装置。如果想要一个波浪型材，就用波纹机替代校准装置。下一工序是冷却槽。在任何后处理站（例如印刷，切割等）之前使用一个或多个反馈单元。最后一步是切割和包装或者将型材卷绕起来。

在大多数情况下，生产线是水平的，但是对于一些产品，如大型电缆或吹塑薄膜，生产车间的层高很高，会使用角度模具让产品的输出呈垂直也就是往天花板上输出。

挤出材料

许多热塑性塑料都可用于挤出。与注塑级塑料相比，挤出级塑料通常具有更高的黏度和无表面润滑。选择高熔体黏度的原因是为了避免挤出型材在到达冷却槽之前坍塌。挤出成型中最常见的材料如下。

• 聚乙烯（LD，HD，MD，PEX）	• TPE-O	• ABS
• 聚丙烯（PP）	• TPE-S	• SAN
• 聚氯乙烯（PVC）	• TPE-V	• PMMA
• 聚苯乙烯（PS）	• TPE-E	• PEEK
• 聚碳酸酯（PC）	• TPE-U	• PTFE
• 聚酰胺（PA）	• TPE-A	• POM

挤出工艺

根据挤出机后加工使用的模具类型，可以将挤出工艺分为不同的类别：

- 直通挤出；
- 角度挤出（如涂覆）；
- 板材、片材挤出；
- 共挤生产；
- 薄膜吹塑；
- 电缆生产；
- 单丝生产；
- 共混。

直通挤出

大多数挤出产品都是用这种类型的模具制造的，产品的外部尺寸范围可以十分之几毫米到高达三米。

图331　生产管道的典型模具。　　　　　　**图332**　用图331所示的那种模具制成的管材。

角度模具挤出/包覆挤压

在包覆织物纤维、纸张或金属片时，通常使用图333所示的角度模具。

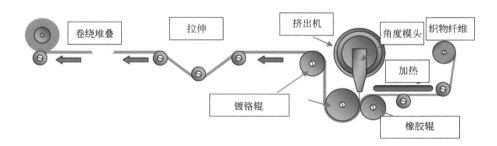

图333　熔融的塑料（蓝色）从角度模具中出来并作为热熔胶附着到预热的基材上，如图所示，基材可以是金属、纸张或织物（黄色）。橡胶辊将塑料熔体压向织物，然后首先朝着镀铬辊冷却，最后包覆织物被卷绕堆叠进行空气冷却。红色的粗箭头表示流向。

图334 带有多个热传感器的2050mm宽的狭缝模具。整个宽度上温度的均匀性是很重要的，尤其是多层共挤出时。
来源：Arla Plast AB

板材、片材挤出

在平片或平板的生产中，会使用一种宽度达2m以上的狭缝模具。热塑性树脂在两个辊子之间挤压，然后再同时在第三辊的作用下形成厚板或厚箔。辊子有冷却系统，片材的厚度取决于狭缝厚度和辊子之间的距离。非晶材料板不能通过热成型进一步加工。厚的软质PVC薄膜可切割成条状，用于需驾驶卡车通过的工业门上，起到挡风、防寒、隔热的作用。

共挤

当想在产品中有多层不同的颜色或材料时，就可以使用共挤。共挤需要多台挤出机。为了使不同材料之间具有良好附着力，各挤出机必须相互兼容。在某些情况下，可以在任意层中使用回收材料，这样既可以减小对环境的影响又可以增加经济效益。

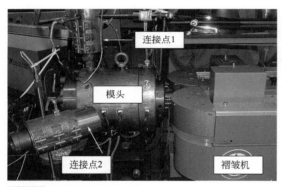

图335 使用两台挤出机制造双层波纹管。可以看到从挤出机到十字模头的连接。

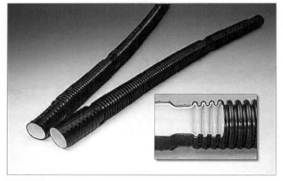

图336 图335所示模头中生产的波纹管。内层可以用具有改进阻隔性能的材料制成。
来源：DuPont

单丝

纤维和细线的挤出被称为单丝生产。通常采用布有大量孔的模头来完成。在被模头挤出之后，单丝在冷却期间被拉伸，然后被卷绕到筒管上，最后被切割以用于不同的产品。

图337 牙刷中的刷毛由聚酰胺单丝制成。

共混

在塑料颗粒的生产中，各种添加剂如脱模剂、热稳定剂、抗UV添加剂和颜料在通过挤出机之前以粉末形式添加到塑料材料中，被称为共混，详见第8章。

薄膜吹塑

图338是薄膜吹塑生产线的示意图。在挤出机之后放置挤出薄膜管的管状头。然后吹膜、冷却、并在辊筒的帮助下挤压。在最后一个工位，可以选择先印刷薄膜，然后再将其卷成线轴，切成薄片，或者熔接并压成塑料袋。为了防止熔化的薄膜软管粘在吹头上，薄膜通过气隙保持一定距离。可以通过改变吹头的间隙来改变薄膜的厚度，另外膜的宽度可以通过气泡尺寸（气压）和辊的速度取向（双轴）来改变。这种操作可以节省开发时间、降低开发成本。

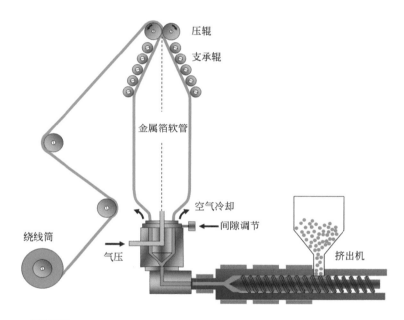

图338 吹膜的原理。

薄膜吹塑中常用的塑料是PE，PP，PET，PA，EVA，EBA和EMA。

吹膜的优点（+）和缺点（−）如下。

+ 全自动批量生产低成本产品（塑料袋和家用薄膜）
+ 可以制造非常薄的产品
+ 许多原材料可达到食品级别
− 材料的选择有限制性（只能用高黏度材料）
− 吹膜生产线的投资成本高，对空间高度有要求

图339 日内瓦杜邦技术中心内的7层吹膜头。挤出机围绕着直径约75cm的吹膜头环状放置。可以看到位于模头中心的垂直吹出的薄膜。

电缆生产

　　电缆的生产是一种先进的生产工艺分为几个步骤。导线可以是金属的，也可以是光纤。铜是主要的导线，但也有时候也使用铝。电线被顺着一个方向缠在一个很大直径的缠线盘上。然后在被扭转之前先被拉伸到正确的尺寸（直径）并退火，以提高强度和电导率。下一步就是需要一个绝缘层，可能是橡胶或是其他各种热塑性树脂，通过挤出成型包覆在导线周围。材料的选择取决于对电气绝缘、耐高温和防火要求。

常用的热塑性树脂为：
- 用于低压和安装电缆的柔性PVC；
- 用于高压电缆绝缘和护套的聚乙烯（LDPE，LLDPE或HDPE）；
- 用于超高压输电的高压电缆的PEX；
- 不同的TPEs，如用于防鼠的TPE-E和供低压室外使用的TPE-V；
- 尼龙11和尼龙12用于耐化学品和防蚁的电缆；
- FEP和PVDF用于耐高温和对可燃性要求较高的电缆。

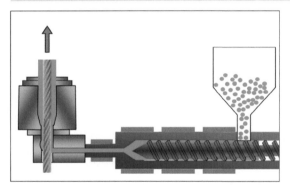

图340 大型电缆由角度模头制成。

图341 一根包含有三根扭曲铜线的海底电缆，每根直径约为30mm，互相由多层隔离。为了稳定电缆，增加了挤压型材。中空的地方（见红色箭头）可以用来保护光纤或管道输送液体。

图342 瑞典卡尔斯克鲁纳ABB电缆厂。在高冷却塔下方是台立式角度模头挤出机。电缆在塔内被空气冷却后，将被缠绕在缠线盘上或直接在工厂前面这种专用船上交付。其中一些船舶可以运输长达数千公里的电缆，而无需将电缆拼接起来。

滚塑成型

滚塑成型是所有塑料加工方法中最鲜为人所知的。据估计，世界上只有约1500家滚塑公司。

滚塑主要产品是玩具（约40%），其次是水箱和集装箱（约30%）。该成型方法是部分手动的。

   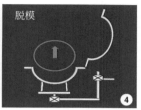

图343　图①显示了一个打开的模具，模具被固定在一个垂直轴上，而这个轴又固定在一个水平轴上。粉末形式的塑料（以橙色显示）填充在模具中。

在图②中，合模并且开始在三个方向上旋转，使得粉末分布在模具的内表面上，模具的内表面在烘箱中加热。

在图③中，材料被熔化并均匀地分布在模具上，然后通过风扇或压缩空气冷却，同时继续旋转。

在图④中，材料固化，模具打开，成品可以被取出。

滚塑工艺中最常使用的材料是各种类型的聚乙烯，其中LLDPE（约60%）是最常用的，其次是HDPE（约10%）。第二种最常见的材料是PVC（约15%）。还可以使用的材料有PP、EVA和尼龙12。

滚塑成型的优点（+）和缺点（−）如下。

+ 开发时间短
+ 设备成本低
+ 可以制造非常大的产品（高达20m³）
+ 即使是小批量生产也能盈利（> 100个）
+ 在同一模具中可同时生产多个部件（具有相同的壁厚）
+ 部件不承受压力
− 生产周期时间长（30～60min）
− 材料的选择有限

图344　采用PE材料通过滚塑制成的信标和浮标。滚塑成型时整个烘箱可以上下摇摆，而有着多个不同模具的设备在里面旋转。当材料熔化后，设备被取出，仍然不断水平旋转，模具被放置在一个单独的冷却室冷却，同时一直保持相同的运动模式。

真空成型

这种方法的另一个演变方法被称为热成型。这种方法几乎完全用于非晶塑料成型，在包装工业中非常普遍，它用于制造从药丸到复杂电子产品的各种包装。图345说明了该方法。

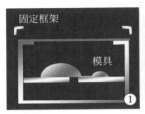 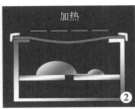  

图345 图①显示了一张塑料片（橙色）被放置在机器的顶部，半球形模具的上方。

在图②中，塑料片已经通过框架固定在机器上，然后通过红外加热元件加热片材。

在图③中，模具开始向上移动，同时用压缩空气从下方产生高压，从上面同时施加一个冲压头。

在图④中，模具被压在塑料片上，塑料片被真空吸住。冲压头有助于盘形的成型。然后塑料在风扇的帮助下冷却下来。

然后将该部件带到下一个工序，在那里半球产品被冲压或碾磨，以将其与塑料片的其余部分分离。这可能会导致大量的废料，但这种材料可以回收利用，并用于生产新的塑料片材。

真空成型最常用的材料是PC、ABS、SAN、PS、PET、PVC和PMMA。

图346 各种消费品的吸塑包装。这种用透明PET制成的真空成型包装在销售食品中是非常普遍的，就像这些樱桃番茄一样。

图347 小批量生产的豪华游艇的天线罩。
来源：Sematron AB

优点（+）和缺点（–）如下。
+ 开发时间短
+ 设备成本低（可以使用木模）
+ 可以生产非常薄的产品

+ 即使是小批量生产也可以盈利（＞10件）
– 相对较长的成型周期（几分钟）
– 材料可选余地有限

第 **21** 章　材料选择过程

设计者和项目工程师的一个主要任务是为他们的应用选择合适的材料。当所考虑的材料包括塑料时，这项任务就特别困难了，因为有数百种不同的聚合物和成千上万种不同型号的塑料可供选择。找到合适的材料需要专业知识、经验，有时还需要一点运气。

如果选择一种被认为"太好"的材料，通常成本就会被反映"有点太高"，这可能会影响产品的竞争力。但是，另一方面，如果选择质量"勉强合格"的材料，则会在市场上冒着被投诉的风险和有不良的声誉，这也会影响产品的竞争力。

如何在开发项目中选择合适的材料？

我们以一个新开发的熨斗为例。在设计者开始思考在熨斗中使用什么材料之前，他必须清楚以下几点：
- 新熨斗的外观是什么样的？
- 它应该有什么不同的功能？
- 成本是多少？

在回答上述问题时，设计师应尽可能详细列出需求规格清单。

图348　新熨斗的外观是什么样？

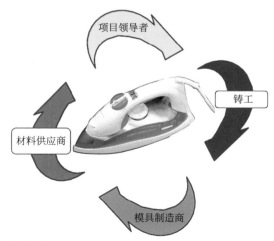

图349　与项目分包商的成功合作大大缩短了开发时间。

发展合作

在塑料部件方面，减少开发时间的一个好方法是利用一个项目团队的集体专业知识和经验，由其自己的开发部门与潜在的材料供应商和潜在的制造商（例如，铸工和模具制造商）合作。

建立需求规格

从头开始建立一个完整的需求规范是

147

非常困难的。一般来说，在开发工作中总是遇到新的挑战。要求可以分为如下几类。

①市场要求：
- 新的功能；
- 监管要求；
- 竞争情况；
- 目标成本。

②功能要求：
- 同一部件中要集成多个功能；
- 不同的装配方法；
- 表面处理。

③环境要求：
- 化学品限制；
- 回收（易于拆卸和分类）。

④制造要求：
- 加工方法（例如注塑）；
- 成型设备。

关键需求

在开发产品需求的初步列表时，应该将其划分为关键需求（"必须拥有"）和其他需求（"希望拥有"）。

关键需求通常是：

① 监管限制（如电气绝缘、阻燃、食品级认证）；

② 行业标准或规范。

关于熨斗的例子，关键的要求很明显是塑料材料必须有良好的电气性能和隔热性能。此外，必须不能含有有毒颜料或稳定剂。通常，关键需求是由以前开发类似产品的经验决定的。如果对产品开发工作缺乏经验，那么在工作场所内外迅速建立关系网是很重要的，以便及时回答这类问题。

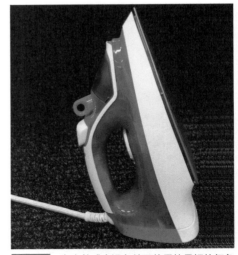

图350 在户外或高温条件下使用的最好的红色颜料是以致癌化学元素镉为基础的，在大多数国家都是禁用的。因此，在符合法规要求时，无镉颜料属于"必须"类别。

希望拥有的需求

那些对产品功能不是绝对必要的其他要求通常被称为"愿望清单"或"有的话比较好"的要求，对于熨斗来说，对塑料材料的要求可以包括以下几点：

- 在高温下不会变黄的明亮颜色；

- 透明（如可见水位指示器）；
- 耐划痕；
- 能够耐最普通的家用清洁剂；
- 塑料原料价格低于2.50欧元/千克。

许多愿望清单的要求也是由以前开发的类似的产品经验决定的。但是一般来说，有更多的空间让设计者的想象力自由驰骋。下面是一所技术大学的学生在讨论熨斗的愿望清单要求规范时提出的一些想法：

- 能够识别熨烫的织物类型并自动调节温度；
- 能够通过SMS检查熨斗是否关闭；
- 无线，例如用燃料电池供电，或者坐在支架上充电。

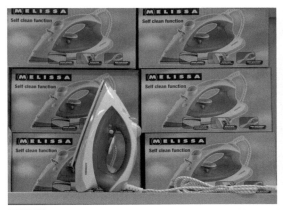

图351　具有"自清洁功能"的熨斗。虽然这个功能对于熨烫面料不是绝对必要的，但这是一个符合"市场需求"类别的愿望清单，因为它可以提高与其他熨斗竞争的能力。

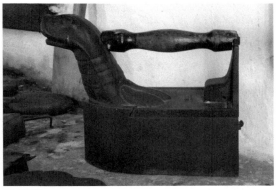

图352　"很少有这样一个新的想法！"在十九世纪就已经有"燃料电池"无绳电熨斗了，燃料为放在烙铁内部发挥余烬的煤炭，也可以得到一个"可充电"的烙铁，是由一个铁块和一个木柄组成的，然后把它放在柴炉上加热"充电"。

在设定关键要求和愿望清单列表时，具有可量化的要求（即可用数值描述的要求）是很重要的。塑料供应商的产品资料和数据表可以用来比较需求规格中被认为重要的特性时所需的材料数据。通常这些可以直接从互联网上下载，也可以在材料数据库（如CAMPUS，Material Data Center或UL IDES Prospector）中获得，见第10章。许多塑料供应商描述了他们的材料可用于的各种应用领域，并经常在其主页上定期更新信息。这些可以成为宝贵的意见和好创意的来源。

经典案例

不配适的汽油喷嘴无法插入打开的汽车加油口中 >

更轻的发动机罩部件 >

Hytrel® 滑雪靴衬圈 >

图353　杜邦公司是工程塑料的领先供应商。他们的主页上有许多实际案例，http://www.dupont.com/products-and-services/plastics-polymers-resins.html，图中显示了三个例子。
来源：DuPont

149

找到合适材料的另一种方法是对具有相似功能的竞争产品所用材料进行分标测试。一些原材料供应商帮助做一些材料鉴定工作，然后从自己的目录中推荐合适的候选材料。当确定了不同的潜在候选材料时，最好尝试两种或三种不同的替代方案，以便下一步工作。可参阅图354。

性能	单位	抗冲改性级PA	抗冲改性级POM	PBT高黏度
材料价格	欧元/kg	4.50	3.50	3.75
屈服伸长率	%	37	22	3.8
拉伸强度	MPa	43	71	58
刚性（弹性模量）	MPa	900	3000	2700
简支梁缺口冲击强度（23℃/-30℃）	kJ/m^2	115/17	15/10	5.7/3.4
熔接线强度		1	2	3
耐化学品性		2	2	2
热变形温度（10.45MPa/1.8MPa）	℃	132/64	165/95	160/60
蠕变模量（1/1000h）	MPa	1200/750	2700/1500	2600/1800
保压时间	s	6	16	6
收缩率	%	1.3	2.0	1.6
适用热流道		1	2	3
湿度条件		通常不	不	不

图354 上面的表格显示了三种不同的候选材料，都已经被确认适用作测试制造汽车用的电缆夹子的原型模具。要求规格中确定的每个特性最好的值用红底白字显示。

进行详细的成本分析

一旦确定了合适的材料，就可以生成准确的成本估算。

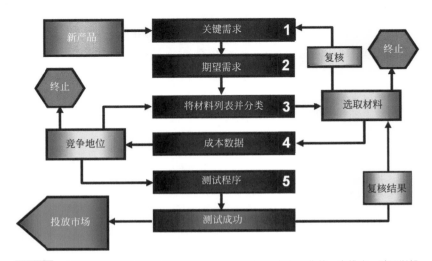

图355 上面的流程图显示了许多公司的材料选择过程是如何工作的。在推出一种可以投放市场的产品之前，通常需要几个循环。对于简单的产品，从构思到成品可能需要几个月的时间，而复杂的产品，比如一辆新车，可能需要几年时间。

为了尽可能降低成本，应该：
- 对所选的塑料材料进行优化设计；
- 尽可能使零件和功能一体化；
- 最大限度地减少组装或后期处理的需要；
- 优化模腔数和设备规格；
- 根据材料价格、密度、成型周期和报废率来优化生产成本。

建立一个有效的测试程序

尝试真实模拟。例如，如果产品长期受压，插入受力曲线。通常测试是基于OEM要求（原始设备制造商）或行业规范或标准。还有其他公司是在公司内部开发产品的。所有的测试必须是可重复的，正确地记录测试结果是非常重要的。

许多公司开始测试由原型模具制造的产品。但是由于产品尺寸和强度都受浇口位置和冷却过程的影响，所以在生产原型模具时一定要考虑这一点。这是为了避免在随后的量产模生产的产品测试过程中产生失败。

根据产品和测试的类型不同，可能需要测试大量的部件来确认产品是否达标，因为不同腔体之间或不同模次之间可能存在的差异很大。在冲击试验中，通常需要进行至少50个部件的测试，以便确保好的准确度。

第 **22** 章　塑料制品的要求和规范

　　要求规格因产品而异，主要取决于产品的用途。对于一把锅铲，耐热性和食品级别是关键的要求；对于室内曲棍球的棍头，韧性和随后塑造棍头的能力是最重要的属性。本章将讨论热塑性产品大部分性能规范。对产品的要求越严格，制造成本就越高，这一点很重要。

　　下面列出了在制定新塑料产品要求规格时需要考虑的事项：

① 背景信息；
②批量大小；
③ 产品尺寸；
④公差要求；
⑤ 产品设计；
⑥装配要求；
⑦ 机械负载；
⑧ 耐化学品性；

⑨ 电气特性；
⑩ 环境影响；
⑪ 颜色；
⑫ 表面特性；
⑬ 其他性能；
⑭ 监管要求；
⑮ 回收要求；
⑯ 成本要求。

背景信息

　　通常是指对产品及其预期用途的描述，经常由以下问题定义：

● 我们开发过类似的产品吗？

● 该产品有哪些新特征？

● 这仅仅是改变现有产品的尺寸（放大/缩小）吗？

● 我们是修改现有产品的几何形状来创建这个新产品的吗？

● 新产品需要彻底更换材料吗？

● 竞争对手的产品如何运作？

● 对于此类产品，已经存在哪些测试、研究或报告？

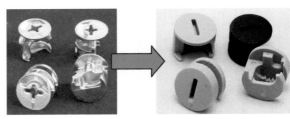

图356　左边的图片显示一个锌偏心轮（家具装配螺钉）。右边图片上的偏心轮尺寸相同，但所用材料有一个根本性的改变：即聚酰胺代替锌。

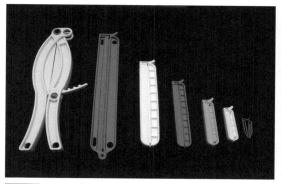

图357　各种密封夹
从左到右，第3~6个夹子纯粹是相同版本的放大/缩小的产品，而其他三个夹子有不同的几何形状。

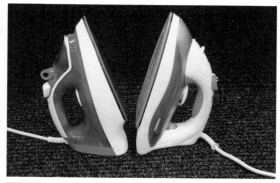

图358　在收集开发新产品的背景信息时，通常要与市场上现有的产品进行比较，试图找到可能的改进、新的功能或比竞争对手更低的生产成本。

批量大小

在开发新产品前清楚您的新产品大概要生产的批量大小是非常重要的，必须要知道这一点，以便对生产成本进行较好的估算，还有模具成本和机器大小也都非常重要。例如，如果每年批量小于1000件，注塑成本就可能太高了，应考虑其他制造方法，如棒材的加工、片材的真空成型、旋转成型。

如图356所示，每年生产数以亿计的偏心轮，开发它们的公司每年都要使用大量的模具，每个模具有32个模腔才能满足需求。而图359是真空成型的产品。利用这种制造方法，即使在小批量生产中也能获得利润。

图359　使用真空成型制造的产品。由于成型零件的模由木材制成，所以即使批量为每年10个零件，也可以把成本控制得很低并获得利润。对于每年超过1000个零件的批量，选择注塑将比较好。

图360　滑石粉填充PP成型的家具。在市场上能够成型这种尺寸产品的制造商数量是有限的。

产品尺寸

如果注塑产品尺寸在5～50cm^2，那么就有许多的成型商可供选择，从而产生有竞争力的价格。对于超过50cm^{2}的产品，拥有足够大机械的制造商数量就大大减少。

公差要求

注塑件不能与机加工零件制造公差相同。

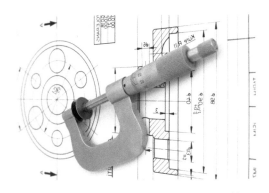

图361 降低新产品制造成本的好方法是不要选择不必要的严格公差。

尽管大多数零件设计者都知道这一点，但是在需求规格说明中应该始终考虑这一点，以免浪费时间和金钱。一般来说，注塑件在质量上可以分为三类：

● "正常"成型件；
● 技术型成型件（technical moldings）；
● 高精度成型件。

DIN 16901标准在一般公差和尺寸方面规定了这些类别，并指出可接受的偏差。

"正常"成型件对质量控制的要求最低，其特点是注塑周期短，废品成本低。

由于对模具、生产设备和正确的成型参数的要求更高，所以生产技术成型件的成本明显更高。另外，还需要更严格的质量控制，因此浪费的成本也会更高。

最后一类——高精度成型件则需要高精度的模具，最佳的工艺参数，100%的监测和质量控制。这样就会影响成型周期并增加生产和质量控制成本，从而增加最终产品的单价。

塑料部件的尺寸变化可能由以下原因造成。

① 模具制造误差。
② 注塑工艺偏差。
③ 材料偏差（如玻璃纤维含量）。
④ 翘曲，由于：
● 模具收缩；
● 后收缩；
● 零件设计；
● 流速和方向；
● 内压力；
● 模具温度变化。
⑤ 零件尺寸的变化由于：
● 吸湿性；
● 热膨胀。

产品设计

塑料产品可以是二维或三维的。二维产品可以通过挤出或注塑来生产。

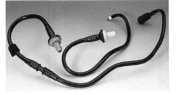
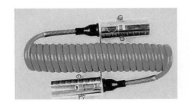

图362 管材、软管和电缆：这些二维产品可以用挤出成型来生产。
来源：DuPont

三维产品既可以是实心的，也可以是空心的，变化复杂。

中空产品可以通过几种不同的加工方法生产。

① 注射成型：

● 气辅（注气）；

● 水辅（注水）；

● 两种方法结合使用。

② 吹塑。

③ 滚塑。

生产中空制品的最常见方法是吹塑。

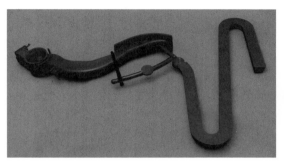

图363　使用气辅注塑技术由玻璃纤维增强聚酰胺制成的中空加速器踏板。在图片的右边，是被气体取代而流出的材料的溢流槽。

图364　用于沃尔沃6缸汽油发动机的吹塑通风管，这是一个很好的例子，即这么复杂的设计也可以用这种方法生产。
来源：Hordagruppen

这种方法的优点是：

● 可以生产非常大的产品；

● 可以生产复杂的形状；

● 可以制造薄壁产品。

缺点是：

● 材料选择有限；

● 设备成本高，只能大批量生产（>10000个）；

● 与注塑相比，产品表面光洁度差；

● 很难保持严格的公差。

滚塑成型在中空制品生产中应用得并不多。

这种方法的优点是：

● 开发时间短；

● 可成型大尺寸的产品（最多20m³）；

● 模具成本低，大于100个产品生产就可以盈利。

缺点是：

● 成型周期极长（30~60min）；

● 材料选择非常有限；

● 很难保持严格的公差。

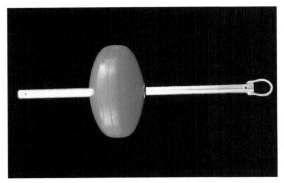

图365 用于船只的浮标和挡泥板通常使用滚塑成型来制造。

图366 一个由箱子、盖子和卡锁紧固件组成的完整塑料储物箱，所有这些部件都是使用简单的分型线在模具中制成的。

在生产实心三维零件时，注射成型是最常用的方法。这些产品可以被归类为使用简单的分型线制造的产品，和使用更复杂的多个分型线和滑块制造的产品。

在考虑将金属材料用塑料材料替换时，通常需要更改零件的尺寸或设计，以承受载荷。上文图356中的家具螺钉是这个规则的一个例外。

图367 用尼龙66制造的汽车进气歧管就是通过使用多个分型线并带滑块滑出的模具实例。为了让它变成空心的，可以把它分成两部分，然后将它们振动焊接在一起，或者采用先进的熔芯技术。
来源：DuPont

图368 这种用于32mmPE管道的直角接头就是一个很好的例子，说明用塑料替换金属时，尺寸和设计如何变化，以便在连接软管时承受水压和负载。

黄铜　PP

装配要求

许多组件包括几个零件。在开发一种新的塑料产品时，应该首先尝试整合尽可能多的功能，以减少零件的数量。如果不能直接完成，那么剩下的问题就是如何以合理的方式把不同的部分连接起来。当使用热塑性塑料时，有许多好的装配方法，以下将在第25章讲述。

图369　这些蜗轮由两个相同的半部构成，然后可以对齐并旋转180°以将它们咬合在一起。由于产品有倒扣（侧面凹进去），所以一次完成整个齿轮是不可能的。

机械负载

对于那些需要承受机械负荷或压力的塑料部件来说，了解以下内容是很重要的：

- 负载/压力的大小和方向；
- 负载/压力的持续时间；
- 负载/压力的类型，例如单一或重复的冲击；
- 负载/压力频率；
- 产品是否会产生永久变形，是否会变松。

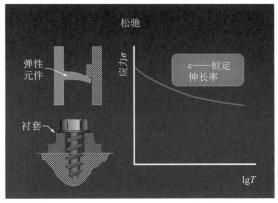

图370　一种典型的永久变形的塑料部件的松弛曲线图，如弹性元件或螺钉接头的衬套。
来源：DuPont

图371　聚碳酸酯头盔就是一个产品只能经受单一硬碰撞的很好的例子。即便是最小的裂缝也会影响其防护能力。

耐化学品性

不同种类的塑料受不同的化学物质影响的能力差别很大，在选择特定用途的材料时耐化学品性可以成为重要的关键要求。

在互联网上可以找到大量材料的耐化学品性表格。只需在Google中输入"塑料的耐化学品性"，就可以得到许多结果。另外，CAMPUS数据库包含许多材料的详细耐化学品性信息。但是，不管找到了什么信息，请记住要考虑到化学物质接触塑性材料时的温度。

图373 聚丙烯是少数几种能够承受强酸（包括硫酸）的聚合物之一，因此非常适合用于汽车电池箱。

图372 氟碳聚合物（例如特氟隆）具有最好的耐化学品性和耐高温性。该材料也是食品级别的，通常用做于煎锅涂层。
来源：DuPont

图374 水瓶通常由热塑性聚合物PET制成。然而它们在60℃以上的温度时会发生化学降解（水解反应）。这使得PET不适合用于婴儿奶瓶，因为它们经常需要通过煮沸进行消毒。

电气特性

　　大多数塑料作为电绝缘体使用，并且有各种各样的测试方法来确立塑料的电气性能。通常材料的绝缘性能被指定为介电强度（穿墙探测）或泄漏电流（在表面上）。很多非常有用的信息都可以在www.ulttc.com上获得。

图375 低廉的价格和良好的电绝缘性使得PVC成为电缆制造的主要材料。

图376 当需要具有良好电气性能且能够承受高使用温度的材料时，尼龙66和热塑性聚酯PBT都是不错的选择，并且具有自熄性等级。

塑料供应商提供的数据表中通常包含以下几项：
- 介电强度；
- 体积电阻率；
- 电弧电阻；
- 表面电阻率；
- CTI（Comparative Tracking Index），相对漏电起痕指数。

环境影响

当需求规格中出现"环境影响"时，通常是指环境对塑料的影响，而不是相反的意思，虽然在许多情况下也可能是相关的考虑因素。所有的塑料在某种程度上都受到其使用环境的影响。随着时间的推移，它们会被不同的环境因素所降解，如：
- 来自太阳或其他辐射的紫外线（如微波炉或放射性消毒）；
- 空气中的氧气；
- 水或蒸汽；
- 温度的波动；
- 微生物（如真菌和细菌）；
- 不同的化学溶液和污染。

图377　许多市政免费提供的宠物粪便袋是由一种生物塑料制成的，置于户外会自行降解。这是一个典型的产品案例，要求规范不仅包括不在外丢弃垃圾，而且使用的垃圾袋要在使用一段较短的时间后自然降解。

图378　对于在微波炉中使用的塑料瓶和塑料盘，塑料材料必须对微波辐射是耐受的，以使塑料不会熔化或热降解。图片右边的符号标注在聚丙烯制成的罐子的底部，表明它在微波炉中使用是安全的。
注意：如果用微波炉加热三聚氰胺的杯子和盘子，它们会立即被毁坏！

颜色

在产品中使用塑料的一个主要好处是可以在生产过程中直接对其进行着色。但是，应该注意的是，一些材料具有天然的颜色，使得它们着出鲜艳的颜色或浅色。如果需要透明

159

颜色（例如具有烟雾效果的部分），则必须选择非结晶塑料。过去，原材料供应商通常还可以以相对较小的量提供定制颜色的材料。但现在，大型供应商通常需要每年数百吨的订单才会生产特殊颜色材料。因此，大多数模塑商必须使用色母料对其材料进行自身着色。

图379 这些高尔夫球座是由锯末填充的生物塑料制成的。材料的天然深色让它们在没有喷涂的情况下无法生成明亮的颜色。
来源：Plastinject AB

图380 这个冰箱门把手是用着色热塑性塑料制成的。门是用涂漆钢板做的。为了获得最佳的颜色一致性，涂料应该与手柄相配，而不是相反。

当用母料着色塑料材料时，需要注意的是颜料和所谓的载体（例如聚乙烯）可以改变塑料的力学性能和其加工能力。成型收缩也可能受到不同颜料的影响。例如，由聚酰胺制成的部件的颜色将随着材料从空气中吸收水分而改变。对于所有的着色，当匹配颜色时选择正确的光源（例如日光、荧光灯或灯泡）是非常重要的。

还应该意识到，不同的表面结构会影响眼睛感知颜色的方式和结果。

如果塑料部件要与涂漆的金属部件组装在一起，并且需要具有相同的颜色，那么先在塑料上制作颜色标准再匹配金属涂层要好得多。匹配涂料比匹配塑料要容易得多。

表面特性

正如着色在制造塑料产品时能提供显著的效益一样，拥有选择表面纹路自由也是一个很大的优势。表面可以从高光泽度表面（称为"A类"表面）到有纹理的表面（例如具有皮革感）。

流动性非常好的材料（低熔体黏度）可以提供更好的高光泽度表面。热塑性聚酯具有低的熔体黏度，并且即使含有30%～40%的玻璃纤维，表面光泽度也会非常好。

当需要哑光表面处理时，通常通过在模

图381 这款车门面板采用全黑色PMMA制成。具有高光泽的镜面，即所谓的"A类"表面。

具上喷砂、电火花加工（EDM）或蚀刻来完成。缩痕在黑色光泽表面上会很明显，如果不能用其他方法去除缩痕，则唯一的选择就是使用哑光或浅色。

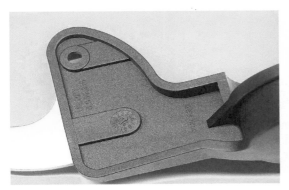

图382 聚酰胺制成的零件。采用EDM技术实现了表面哑光处理，比喷砂效果好得多。

图383 在塑料扶手上的皮革或纺织品效果是通过将所需的图案蚀刻到模具的内表面上来实现的。

图384 用聚甲醛制造的链节。添加了含氟聚合物或硅用来改善摩擦特性和磨损。

来源：FlexLink

图385 通常，汽车前大灯反光镜是由热塑性聚酯PBT制成，耐高温，并具有良好的表面光泽度，易于金属涂层加工。大灯面罩由聚碳酸酯制成，具有极好的冲击强度和透明度。面罩表面涂有硅氧烷，以提高抗划伤性、防紫外线和耐溶剂性。

耐划痕和耐磨性也可以包含在表面特性列表中。一般来说，耐刮擦性与材料的表面硬度有关。具有良好耐磨性的软质材料包括橡胶和聚氨酯，而PEEK和聚甲醛则是它们很好的硬质替代品。

许多材料（如聚甲醛）的磨损性能可以通过与低摩擦材料（如氟聚合物）或润滑剂（如二硫化钼）混合而得到改善。

有时，为了美观或功能，塑料表面要镀金属、喷涂，或印刷（如丝印或移印）。

其他性能

塑料产品的要求规范中其他特性包括：
● 低或高摩擦性能；

- 导热性或绝缘性能；
- 电磁屏蔽性；
- 热膨胀系数。

图386 这个红色的材料就是为了能够更好地握住这支笔而选用的高摩擦性材料。

图387 选择手机外壳时，其中一个关键的要求就是低电磁屏蔽，以防手机的信号范围受限。

监管要求

在必须符合规定的情况下，有些要求显然就属于关键或者"必须"范畴的一部分，通常包括以下内容：

- 电气性能的要求（electrical requirements）；
- 食品行业认证（food approval）；
- 饮用水行业认证（drinking water approvd）；
- 医学方面要求（medical requirements）；
- 阻燃性（flame retardance）；
- 为了健康和安全，塑料材料中的所有添加剂必须明确；
- 在塑料包装上要使用可回收类材料。

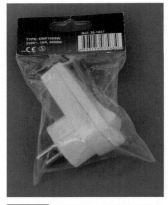

图388 包装左上方的CE标志显示，封闭式插头由塑料材料制成的，符合欧洲经济区内在指定功率（3680W）下的电气绝缘要求。

回收要求

图389 "气候智能"包装袋。这些全部都是由塑料回收制作的。
来源：Miljösäck AB

大多数热塑性塑料可以物理回收和化学回收。物理回收包括对生产过程中浪费的材料或使用过的产品破碎，以便再次回收和处理。化学回收是将材料分解到分子水平，从而能够生产原始材料。自2014年起，原油价格使得化学回收无利可图。有些市政当局会要求垃圾分类，以提高回收率。

为了便于塑料产品的分类和回收，需要改进和增加标签。图390展示了如何识别塑料产品。

图390　包装和一次性产品应贴上上面显示的回收符号。如果材料没有自己的代码，例如ABS，用数字7表示。还有一个更好的选择是用与标注技术成型件相同的方式来标记产品（见下文）。

模具技术通常把聚合物名称放在尖括号里或者三角形回收符号下。

鼓励回收的方法之一是在产品上包含回收费用，现在通常用于热塑性聚酯PET制成的塑料饮料瓶。

图391　图中上半部分图像显示了技术模塑的推荐标记。这种特殊材料是尼龙66。添加剂的材料也可以由标记说明，例如聚酯PBT含30%玻璃纤维被标记为 **＞PBT GF30 ＜**。图中下半部分图像显示一个不太常见的聚酰胺产品标签。

图392　在包装上包含可退还的回收费用减少了乱丢弃垃圾的风险同时还刺激了回收。未来我们可能会看到这一需求的增加。

成本要求

在开发新产品时，对成本的要求是一直存在的，因为它直接影响到市场的销售价格和竞争能力。在选择好材料、生产方法（包括后期生产）、生产商以及估算的模具价格和其他设备成本之前，是无法对塑料产品的价格做出合理估算的。

注塑件的全部成本估算，如第19章所述，是非常全面的，包括：

- 预计年产量和每批单位数量；
- 产品净重；
- 废料和废料价格；
- 材料价格；
- 每个产品的处理时间；
- 机器的人员配备水平；
- 人工费用；
- 制造商开销；
- 色母粒的添加百分比；
- 色母粒的价格；

- 实际周期；
- 生产模腔数；
- 设备有效利用率；
- 设备的每小时运行成本；
- 设备折旧，再加上水电费和维修费；
- 每批次的调试时间；
- 每批次的调试成本；
- 产品后工艺（每个组件）；
- 后工艺处理时间；
- 后工艺费用。

大多数塑料制造商使用计算机化的成本计算，通常可以很好地估算不同材料的产品成本。

需求规范——检查清单

下面的清单，虽然并不能完全满足所有产品的需求，但可能仍然有助于许多塑料部件的需求规范说明书的编写。

（1）背景信息
- 我们开发过类似的产品吗？
- 该产品有哪些新功能？
- 这仅仅是改变现有产品的尺寸（放大/缩小）吗？
- 我们可以通过修改现有产品的几何形状来创建这个新产品吗？
- 新产品需要彻底更换材料吗？
- 竞争对手的产品如何运作？
- 对于此类产品，已经存在哪些测试、研究或报告？

（2）批量大小
- 每年生产多少产品？
- 哪种制造方式最合适？

（3）产品尺寸
- 产品的尺寸会对原料选择、生产方法或生产商有限制性吗？

（4）公差要求
- 哪些尺寸是关键尺寸？要求的公差范围是多少？
- 重新设计产品是否有助于降低公差要求？

（5）产品设计
- 产品是否可以制成一个整体？
- 哪些是合适的加工方法？
- 有哪些附加功能是可以集成的？

（6）装配要求
- 可以简化装配或改进功能吗？

- 可以降低制造成本吗？
- 哪种组装方法更适合所选择的材料？

（7）机械负荷
- 关于预期的机械负荷，产品设计是否最佳（如浇口位置）？
- 产品是否处于恒定负载下？
- 正常负载和峰值负载会是多少？
- 产品在峰值负载下可以坚持多长时间？

（8）耐化学品性
- 在正常和极端条件下，产品会接触到哪些化学品？
- 化学品浓度可能是多少？
- 产品在什么温度下接触化学品？

（9）电气性能
- 材料需要具有导电性还是绝缘性？
- 产品是否需要符合电气规程？

（10）环境影响
- 该产品是否会在户外使用或是暴露在紫外线下？
- 是否会受到任何其他类型的辐射？
- 材料是否受到大气中氧气（氧化）的影响？
- 产品会暴露在水或蒸汽中吗？
- 使用温度的范围（正常/最小/最大）是多少？
- 该产品暴露在最高温度下的最长时间是多少？
- 该产品是否会受到微生物、动物或昆虫的攻击（如啮齿动物、白蚁）？

（11）颜色
- 建议的材料对定制颜色的选择有影响吗？
- 材料需要添加光稳定剂以保护颜色吗？
- 该产品需要喷涂吗？
- 产品是否需要装配？并且颜色要与其他彩色零件或零件表面喷涂的颜色相匹配？

（12）表面特性
- 产品应具有什么样的表面纹理？
- 建议的材料是否适合预期的表面光洁度（例如高光泽）？
- 是否会有缩水痕的风险（如筋部缩水痕），而需要用哑光处理把缩水痕掩盖？
- 表面需要抗刮伤吗？
- 表面需要镀金属吗？
- 表面需要涂漆吗？
- 塑料表面是否要印刷（如烫印、移印或丝印）？

（13）其他性能
- 建议的材料是否需要高或低的摩擦性能？
- 这种材料需要隔热还是导热？
- 各部件的功能是否会受到电磁辐射的影响？
- 产品的功能是否会受材料的线性膨胀系数影响？

（14）监管要求

● 该产品需要获得CE批准（电气法规）吗？

● 该产品需要获得FDA批准还是符合其他食品准入标准？

● 将产品需要满足的医疗要求：

　　■ 与人体组织相容吗？

　　■ 可以消毒吗？

● 产品需要满足指定的阻燃性能要求吗？

● 所选材料是否含有在市场上被禁止的成分或添加剂？

（15）回收

● 回收的要求是什么（例如返还回收费用）？

（16）成本

● 产品成本包括什么：

　　■ 生产成本？

　　■ 对客户或消费者的额外费用？

第23章 热塑性塑料模塑制品的设计规则

塑料设计本身就是一门科学，关于这个主题已经写了很多东西。本章旨在展示设计师在开发新产品时应该牢记的一些最重要的规则。这些规则分为以下十个部分：

① 记住，塑料不是金属；
② 考虑塑料的具体特性；
③ 考虑回收问题；
④ 将多个功能集成到一个组件中；
⑤ 保持均匀的壁厚；
⑥ 避免尖角；
⑦ 用加强筋来增加强度；
⑧ 注意浇口的位置和尺寸；
⑨ 避免过紧的公差；
⑩ 选择一个合适的装配方法。

规则1——记住，塑料不是金属

有些工程师设计塑料部件时仍然像设计金属制品一样。如果能成功地保持强度，产品会变得更轻，而且通常更便宜。但是，如果主要目的是降低生产成本，则在默认情况下，当塑料用于替代金属时，必须进行全面的重新设计。

如果直接比较，金属会有更高的：
- 密度；
- 最高使用温度；
- 刚度和强度；
- 导电率。

而塑料材料会有更优异的：
- 机械阻尼；
- 热膨胀；
- 延展性和韧性。

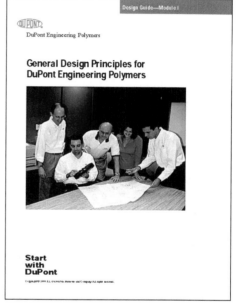

图393 网上有一些不错的设计文档可以免费下载。例如"杜邦工程聚合物的一般设计原则"，包含共计136页有用的信息。请参阅：plastics.dupont.com/plastics/pdflit/americas/general/h76838.pdf。

项目	金属	热塑性塑料	热固性塑料
重量	⇔	⇑ ⇑	⇑
腐蚀	⇔	⇑	⇑
刚度	⇔	⇓ ⇓	⇓
强度	⇔	⇓ ⇓	⇓
温度	⇔	⇓ ⇓	⇓
热绝缘	⇔	⇑	⇑
电绝缘	⇔	⇑	⇑
设计自由	⇔	⇑ ⇑	⇑
回收	⇔	⇑	⇓

⇔参考值/相等的　⇑优　⇓差

图394 这张表表明，热塑性塑料与金属相比具有一定的优势，如重量减轻，优异的腐蚀耐久性、热和电绝缘、设计自由和回收潜力。然而，它们在刚度、强度和对高温的敏感性方面显然都处于不利地位。热固性塑料与热塑性塑料相似但却更难以回收。

规则2——考虑塑料的具体特性

为了能够达到最佳的设计，必须考虑塑料的特殊特性。

① 非线性应力-应变曲线，给出了更为复杂的强度计算；

② 各向异性的行为，因此必须更加注意浇口位置；

③ 与温度相关行为，所以有必要知道塑料产品最高使用温度和持续时间；

④ 随时间变化的应力-应变曲线（蠕变和松弛）；

⑤ 与速度相关的特性，需要对应力、应变和冲击速率等进行细致的研究；

⑥ 与环境相关的特性，要求了解产品暴露于湿度和任何化学物质或辐射（如紫外线）的知识；

⑦ 采用不同的成本效益方法，易于设计和加工；

⑧ 易于着色，就不需要进行表面处理；

⑨ 易于组装（例如自攻螺纹、卡扣或焊接）；

⑩ 易于回收利用。

在图395中，可以看到热塑性塑料具有非线性负荷曲线。在计算钢结构的荷载时，虎克定律可以应用于比例（线性）段，这是一个简单的数学公式。然而，由于应力-应变曲线是非线性的，所以塑性结构的计算要复杂得多。需要大量的计算能力来进行更详细的计算。

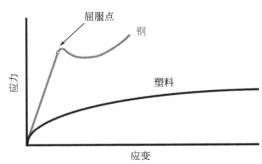

图395 钢和热塑性塑料的应力-应变曲线。
来源：DuPont

168

各向异性行为

　　各向异性行为意味着材料的特性在不同的方向上是变化的。这取决于聚合物链的方向或增强材料中纤维的方向。经常可以看到在模腔中沿着流动方向或者交错于流动方向的力学特性有很大的差别。这就是为什么浇口位置对于承受载荷的零件是非常重要的。

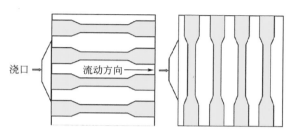

图396　分别沿着材料的流动方向和与流动方向交叉的方向切割下的测试样条。

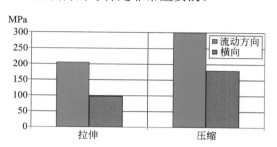

图397　拉伸强度在材料的流动方向上都相当强。
来源：DuPont

与温度相关的行为

　　大多数热塑性塑料在不同环境温度下的力学性能差别很大。图398显示了在室温（23℃）和93℃之间的应力-应变行为的巨大差异。

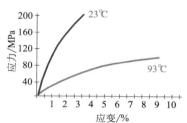

图398　添加了33%玻璃纤维增强的原生尼龙66分别在23℃和93℃下的载荷曲线。
来源：DuPont

时变应力-应变曲线

蠕变

　　塑料元件在承受一定的压力时，会随着时间的推移而变形。这种现象被称为蠕变。一个直的塑料圆柱在恒定应力作用下将随着时间的推移变化成桶的形状。

松弛

　　如果一个塑料部件维持恒定的变形，就会产生应力。随着时间的推移，这些应力会释放，最终元件将达到无应力状态。这种现象叫做松弛。

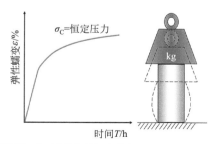

图399　典型的热塑性蠕变曲线。
来源：DuPont

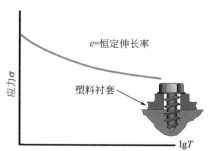

图400　典型的热塑性松弛曲线。对于带有塑料衬套的螺钉接头，当衬套的应力消失，衬套松弛时，螺钉会松动。
来源：DuPont

与速度相关的特性

热塑性塑料的力学性能取决于负载的特性（静态的、动态的或冲击的）。下图摘自杜邦的一系列题为"十大设计技巧"的文章，展示了一系列具有不同负载、变形类型以及最适用的计算方法的案例。

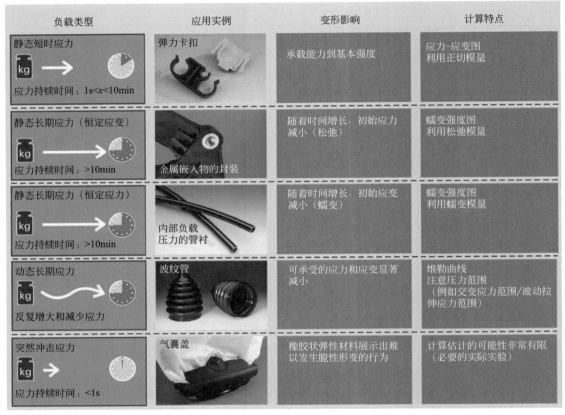

负载类型	应用实例	变形影响	计算特点
静态短时应力 kg → 应力持续时间：1s<x<10min	弹力卡扣	承载能力到基本强度	应力-应变图 利用正切模量
静态长期应力（恒定应变） kg → 应力持续时间：>10min	金属嵌入物的封装	随着时间增长，初始应力减小（松弛）	蠕变强度图 利用松弛模量
静态长期应力（恒定应力） kg → 应力持续时间：>10min	内部负载 压力的管衬	随着时间增长，初始应变减小（蠕变）	蠕变强度图 利用蠕变模量
动态长期应力 kg → 反复增大和减少应力	波纹管	可承受的应力和应变显著减小	维勒曲线 注意压力范围 （例如交变应力范围/波动拉伸应力范围）
突然冲击应力 kg → 应力持续时间：<1s	气囊盖	橡胶状弹性材料展示出难以发生脆性形变的行为	计算估计的可能性非常有限 （必要的实际实验）

图401 图像反映了五种不同的负载情况（案例研究）以及所涉及的变形类型和计算方法。最后一个例子是汽车方向盘上的安全气囊盖。气囊在1s内释放，载荷速度增加得如此之快，以至于盖中的橡胶状热塑性弹性体变得硬而脆。对这种类型的负载进行计算机仿真是很困难的，所以最好是制作原型工具并进行实际测试。

来源：DuPont

与环境相关的特性

热塑性塑料不会像金属那样腐蚀，但它们会受到空气中湿度的影响，或者被不同的化学物质、微生物或辐射所降解。

图402 这个耙子是用聚甲醛生产的。它已经在户外放置了五年。即使使用了紫外线稳定剂，原来的颜色（显示为橙色点）也已经褪色了。在灰色区域还可以看到微小的裂纹。随着时间的推移，这些在褪色的表层上的裂缝会变得更大，当要再次使用这个耙子时，它就会断裂。

易于设计

用热塑性塑料制造产品相对容易且经济实惠。在第12章和第20章中描述了不同的加工方法。

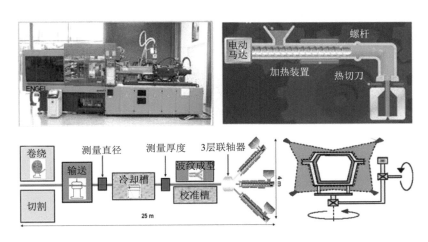

图403 先前描述过的一些加工方法。

易于着色

大多数热塑性塑料具有浅色的原色，而且一般情况下，容易着色。如果原材料供应商不提供定制颜色，则在材料加工过程中会添加色母粒来着色。另外还可以通过色粉或色浆着色，一些塑料（如聚酰胺）也可以浸在液体染料溶液中来着色。

图404 如果所需要的批次较小，但有许多颜色，如拉链，使用液体染色就更有利。准备工作从生产计划阶段开始：当设置"颜色循环"时，以最浅的色度开始，最深的颜色结束，在开始下一批运行之前要彻底清洗设备。

易于安装

下一章将介绍热塑性塑料的几种不同的组装方法。

回收

在前面第7章中描述了热塑性塑料的不同回收方法。

图405 激光焊接是一种可以将电子设备永久地封装在像汽车钥匙这样的装置中的绝佳方法。

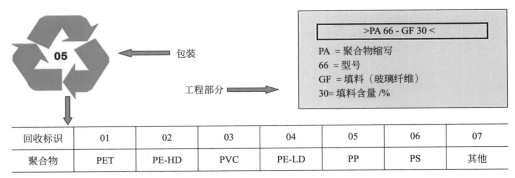

					>PA 66 - GF 30 <		

包装

工程部分

PA = 聚合物缩写
66 = 型号
GF = 填料（玻璃纤维）
30= 填料含量 /%

回收标识	01	02	03	04	05	06	07
聚合物	PET	PE-HD	PVC	PE-LD	PP	PS	其他

图406 回收标识。

规则3——关于未来回收的设计

大多数热塑性塑料的优点是易于回收：
● 它们可以被收集和熔融，反复用于新产品中；
● 它们可以被化学回收，并成为生产新的"原生"材料的来源；
● 它们可以被焚烧，产生高能量输出。
为了使塑料部件易于回收，重要的是它们要具备如下几点。
① 易于拆卸，即：
● 便于存取和收集；
● 用可回收的方法组装；
● 设计成任何镶件都很容易被去除；
● 便于机器自动拆卸，最好是从顶部安装的机器人拆卸。
② 制造时尽可能减少塑料材料的种类，最好只使用标准材料。
③ 便于识别的材料标识（见图406）。
④ 便于清洁的设计。

拆卸

最大限度减少包含部件的数量，例如接头，并且避免永久性的组装技术，如焊接。

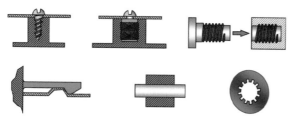

图407　可回收的装配方法，如螺钉、卡扣、压入配合和花键，便于将来拆卸。

图408　如果金属嵌件是为了易于拆卸，就不应该采用包覆模塑或通过超声波焊接进行组装。嵌件应该能够被按下、拉动或拧开。

图409　许多部件的设计目的是采用机器人组装。未来，机器人拆解的需求也将更为迫切，特别是在汽车零部件的回收方面。

再生材料

从废弃产品中回收塑料材料时，如果在所有组装的部件中能够使用相同类型的聚合物，这样就可以在不需要先拆卸的情况下回收利用，这是一种优势。只要有可能，使用标准级材料（即不含任何添加剂）也是有利的。

图410　如果有可能使用同一种聚合物生产瓶盖和瓶子，就不必把它们分开归类为不同的材料。金属盖对于回收来说就不是个好的选择。

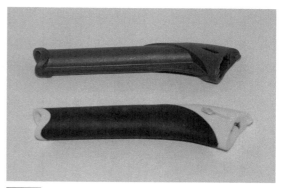

图411　对于多组分注射成型（即双色模，多色模），通常是用较软的高摩擦材料包覆硬质材料成型的。如上图所示，滑雪杆的把手就是一个例子。在大多数情况下，焚烧用于能源生产（发电）是这种产品的唯一回收选择。

标识

有关回收标识的概述，请参阅上文图390。如果使用共聚物——例如包含PP + PE的耐冲击PP，则正确的标识是 $\underset{7}{\triangle}$ 。

这也适用于在产品中使用不同聚合物的多组分注射成型（图411）。

清洗

回收回来的材料要经过粉碎、注射成型或者挤出成型等回收方式，所以必须事先经过仔细清洗。

图412　该冷冻盒由PP共聚物制成，因此具有回收三角形，底部显示回收三角形中间有一个数字7。盖子与TPE密封件共注射，即使它由PP均聚物制成，也会标记上7的回收标识，因为密封件是由另一种聚合物制成的。

图413　如果要回收任何尼龙料，在研磨尼龙料前必须先仔细清洗，如图中的链锯壳。

规则4——将多个功能集成到一个零件中

塑料最大的优点之一是可以把多个功能集成到单一的一个零件中。如果要用金属来完成，则必须使用不同的材料来实现不同的功能，并且需要额外的组装费用。

可以集成到塑料零件中的功能示例如下：
- 卡扣；
- 管接头；
- 密封件；
- 滑动轴承；
- 螺纹；
- 齿轮齿条；
- 加强筋（肋板）。

图414～图416是一个带有防溅罩的贮油槽（防止油溅到汽车发动机活塞上）的例子。在这里，产品开发分两步进行。

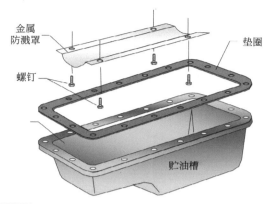

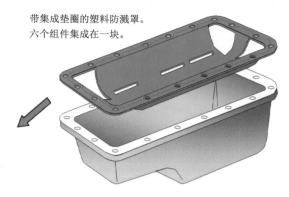

图414　最初的金属设计由总共七个部件组成。
来源：DuPont

图415　通过将垫圈与防溅罩结合起来（从而消除四个螺钉），部件的数量减少到两个。
来源：DuPont

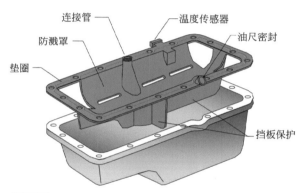

图416　通过不断整合新的功能，如连接管、温度传感器、油尺密封和挡板保护，相比多元方案大大降低了总成本。
来源：DuPont

规则5——保持壁厚均匀

在确定一个产品的壁厚时，必须考虑该部件所受的载荷和环境影响（温度、湿度、化学物质、光照等）。预计的服务时间也很重要。

一般来说，壁厚需要足够薄：

- 满足较低的重量要求；
- 满足成本要求（一个较薄的壁厚相对保压时间较短，因此成型周期更短）；
- 注射成型过程中快速有效的温度控制。

但同时，它还要足够厚：

- 满足功能和负载要求；
- 耐装卸运输；

- 耐组装、安装和维修；
- 满足产品易于填充；
- 满足产品从模腔中脱离后不变形。

壁厚均匀（最大±15%变化）是很重要的，因为这会影响模具的收缩率。壁厚越大的收缩率越高。当壁厚变化较大时（表示收缩率不同），则会在产品的不同部位之间产生内部应力，常常会导致翘曲和变形。

热塑性产品的"正常"壁厚通常规定在1.5～4mm。低于1.5mm的任何产品都可能会导致模腔填充问题。如果需要增加壁厚，则应该以较小的步幅完成，因为壁厚增加一倍会导致流量增加四倍。如果壁厚需要超过4mm，则由于保压时间与壁厚的关系成正比，因此成型周期（和生产成本）会增加。

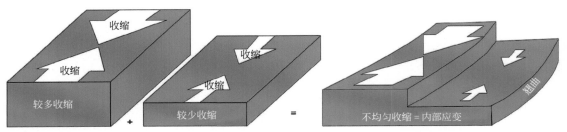

图417 如果塑料部件的壁厚不同，收缩率也会变化，这意味着在最终的产品中应力的风险很高，从而导致翘曲。
来源：DuPont

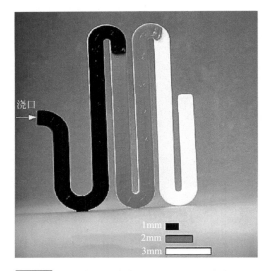

图418 螺旋模具用来确定不同壁厚下的流动长度。
来源：DuPont

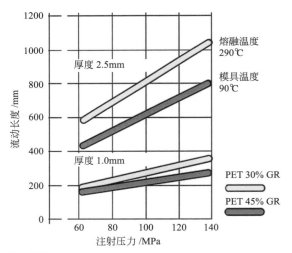

图419 除了壁厚以外，流动长度也受熔体温度、注射压力和模具温度的影响。
来源：DuPont

规则6——避免尖角

许多塑料对缺口都很敏感，因为缺口的圆角半径都太小。根据经验，拐角处的圆角半径应至少为壁厚的一半。如果圆角半径太小，则应力集中系数就会太高，即使在中等载荷下，产品也会断裂（见图420）。

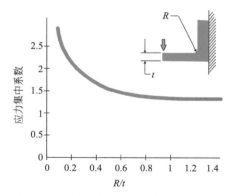

　　不同塑料对缺口的敏感性差别很大。其中一种测试方法是制作如下所示的测试样条并测量断裂力。测试样条V形和U形缺口之间的距离是相同的。与V形缺口相比，要破坏聚甲醛测试样条U形缺口所需的力度大约是V型缺口的九倍。如果用有条件的标准尼龙66测试样条，U形缺口和V形缺口之间的差异可以超过40倍，而对于具有"超级韧性"的改性尼龙66来说两者之间的差距则可以忽略不计。

图420　建议圆角半径R应至少是壁厚t的0.5倍。如果低于0.3，应力集中显著增加。有时用砂纸打磨拐角会有出乎意料的好结果。
来源：DuPont

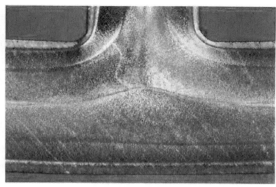

图421　连接在产品壁上的筋，由显微镜放大约40倍。偏振光用于从下方突出显示样本。在左边的图片中，在筋骨根部的晶体结构中可以看到有一个断裂。在右边的图片中，由于角是圆的，所以就没有这种损伤。
来源：DuPont

图422　用于测试热塑性塑料切口敏感性的试验样条。

规则7——使用加强筋来增加强度

　　一般来说，产品组件的刚度可以通过以下方式增加：

● 增加壁厚；

●提高材料的弹性模量，即增加增强纤维含量；

●在设计中增加加强筋。

在那些不能通过修改设计获得足够刚度的情况下，则需要使用更高刚度的材料。最常见的方法是选择具有较高纤维含量级别的材料（通常是玻璃纤维）。在壁厚一致的情况下，高纤维含量将导致刚度线性增加。更有效的方法是通过增加加强筋来增加刚度。这里，刚度的增加是惯性力矩增加的结果。

设计加强筋时的缺陷

通过增加筋的高度和厚度，可以获得高的惯性矩。但是，使用工程塑料进行设计时，可能会造成严重的问题，如缩水痕、气孔和翘曲。如果加强筋的高度太大，还要承受额外的风险，即在负载时会产生弯曲。考虑到这些负面影响，加强筋的尺寸在推荐范围内是很重要的。

为了便于加强筋的产品从模腔中脱出，在加强筋上必须有脱模斜度。

这个脱模斜度不仅取决于加强筋的高度，还取决于所使用的材料。加强筋设计的机械荷载通常在加强筋的根部达到峰值。因此，加强筋根部必须有适当的圆角半径（见规则6）。

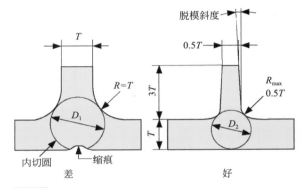

图423 加强筋尺寸的建议。
来源：DuPont

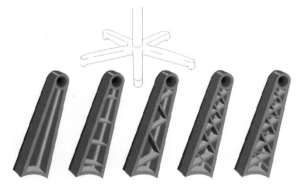

图424 加强筋的设计对产品的刚度有重要意义。
来源：DuPont

材料节省设计

为了达到最佳设计，必须正确定位加强筋的位置。例如图424中椅子的底部的加强筋结构。图中最右侧交错的加强筋设计比最左侧没有加强筋设计的底座刚度要高30倍。铝合金的椅子底座通常都是采用最左侧设计，而塑料椅子的底座通常都采用最右侧的设计。这里突出了产品材料从金属到塑料的转变需要对设计进行彻底的重新改造以实现最经济产品的重要性。

避免加强筋连接处的缩水痕

缩水痕通常出现在加强筋与产品壁厚连接的地方，可以通过以下方式使缩水痕最小化：

●使加强筋足够薄，即小于产品壁厚的一半；

●避免筋部连接部多料；

●产品表面做蚀刻或为产品选择较浅的颜色。

需要改进

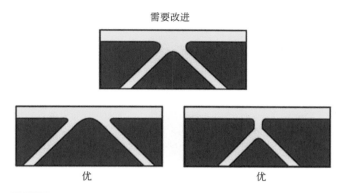

优　　　　　　　　　　　优

图425 要避免在加强筋处多料。
来源：DuPont

规则8——注意浇口的位置和尺寸

在塑料产品中浇口的位置和尺寸选择是非常重要的，因为它会影响到下列几方面：
●填充过程（流动路径和长度）；
●产品尺寸和公差（模具收缩率）；
●翘曲变形（内应力）；
●力学性能；
●表面光洁度和表面缺陷。

并不是所有的设计师都会考虑到这一点。他们经常让不知道产品全部要求的模具制造商决定浇口的位置和流道系统。有时就会导致最终产品达不到预期效果。

除了设计产品和进行强度计算外，还要确保浇口的数量要足够，并且浇口的位置要与预期的熔接线一致。由于浇口和熔接线所在位置始终是零件的最薄弱部位，因此浇口设计要避免高载荷区域，这一点很重要。

确定浇口位置时应考虑如下几个问题。

●为了充分填充产品，尽量把浇口放置在产品壁厚最厚的面。

●不要把浇口放在高负荷的地方。

●半结晶工程塑料产品要避免锥形潜浇口（如聚甲醛、聚酰胺、聚酯PBT和PET）。

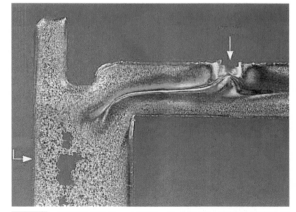

图426 聚甲醛产品的一个薄层，放大25倍，再用偏振光从底部照射。浇口在最薄的壁上，可以看到最厚的产品壁上的气孔。
来源：DuPont

●浇口太小不仅会有碍产品的最佳填充，而且会增加填充过程中的剪切问题（分层、表面缺陷或浮纤）。在高速注射时尤其如此。

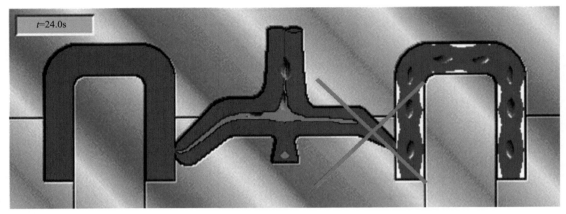

图427 锥形浇口不适用于半结晶工程塑料。两个腔体的进浇口大小相同。左边的腔体填充完整，右边的则是布满气孔和凹痕。
来源：DuPont

熔接线

当涉及熔接线时需要考虑如下一些问题。
●如果有多个浇口，每个浇口之间就会有一条熔接线；
●产品上有孔的话每个孔都会有一条熔接线；
●如果可以的话，尽量消除或减少熔接线的数量；
●不要把熔接线放在高负荷的地方；
●增强纤维在熔接线处没有增强效果；
●尽量避免"对接"熔接线。

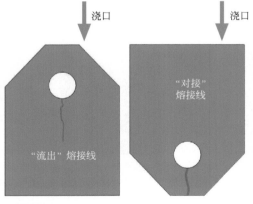

图428 如果材料能够在熔接线之后继续流动，则熔接线或多或少地被抹除，并且产品会变得更加坚固。

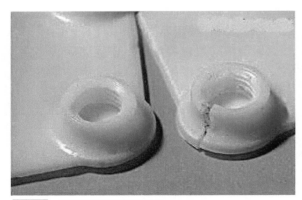

图429 沿着熔接线裂开的螺纹孔。
来源：DuPont

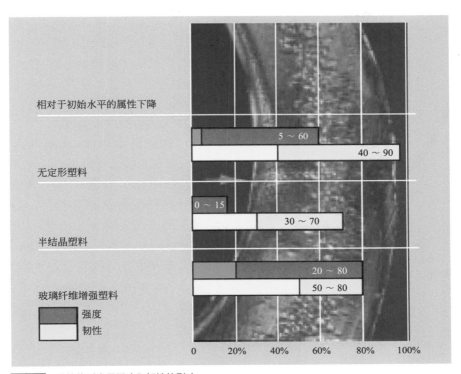

图430 熔接线对产品强度和韧性的影响。

来源：DuPont

规则9——避免严格的公差

　　注塑产品不能用与机加工金属部件相同的公差制造。尽管大多数设计师都知道这一点，但他们仍然制定了无法达到或者制造成本根本不必要的公差。

　　影响塑料产品最终公差的属性包括以下几点。

　　① 模具制造的公差。

　　② 注射成型的公差。

　　③ 塑料原料（玻璃纤维含量等）的公差。

　　④ 产品的翘曲变形，取决于：

　　● 成型收缩；

　　● 产品成型后收缩；

　　● 零件设计（壁厚的变化等）；

　　● 塑料流动方向或玻璃纤维方向；

　　● 内应力；

　　● 模具温度控制不均匀。

　　⑤ 成品部件的测量变化，取决于：

　　● 吸湿性；

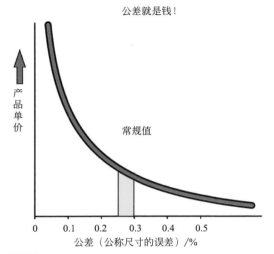

公差就是钱！

常规值

图431 公差与产品定价的关系。
来源：DuPont

● 热膨胀（塑料可能是金属的10倍）。

公差不应该尽可能小，而是要尽可能与产品的功能要求一致。对于具有成本效益的生产而言，通常可接受的公差与公称尺寸的偏差为0.25%～0.3%，但这当然取决于产品的应用领域。

制造尺寸为30mm的产品部件需要30mm±0.01mm的模具公差和30mm±（0.03～0.04）mm的注塑部件公差。对于尺寸达150mm的产品部件，通常指定高精度的产品公差为±0.15%，而技术模塑零件为±0.30%。对于150 mm以上的部件，高精度模具推荐值为±0.25%，技术模具为±0.40%。

规则10——选择适当的装配方法

请参阅下一章。

第 **24** 章   热塑性塑料的装配方法

大多数设计师都在努力使他们的塑料产品尽可能简单，同时集成所有必要的功能。产品最好是从模具中直接就一步完成，但有时为了实现功能或降低成本，可能需要把产品分成两个或更多个部件然后再组装起来。

热塑性产品有几种装配方法，本章介绍了其中的大部分。首先，通常将装配方法划分成产品可拆卸和重组若干次的方法（例如使用螺钉连接）和永久组装方法，即仅组装一次的方法（例如焊接）。

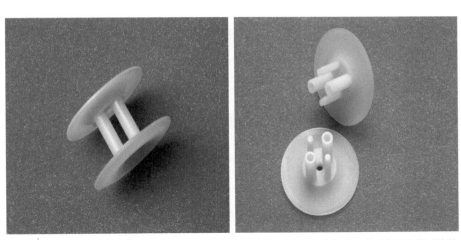

图432、图433 该线轴在模具上用简单的分型线制成两个相同的半部分。然后将两半相对旋转90°，然后通过压入配合连接在一起。

便于拆卸的装配方法

在可拆卸的方法中，当涉及塑料的细节时，通常使用下列方法：
- 自攻螺钉；
- 螺纹嵌件；
- 螺纹接头（带集成螺纹）；
- 卡扣（专门设计允许拆卸）。

图434 如果自攻螺钉需要良好的螺纹连接，塑料材料的刚度应小于2800MPa（即与POM相同）。对于较硬的材料（如玻璃纤维增强材料），建议使用螺纹孔或螺纹嵌件。使用专门为塑料材料开发的自攻螺钉也很重要。

图435 由玻璃增强的尼龙66制成的泵壳体，泵壳体的壁中是带螺纹的黄铜衬套。该黄铜衬套可以是包覆成型或者是后期压入塑料壁中的。

图436 塑料瓶上的塑料盖是带有集成螺纹的螺纹接头的典型例子。

整体式卡扣

塑料卡扣既可设计用于可拆卸装配的方法又可设计用于永久装配的方法。

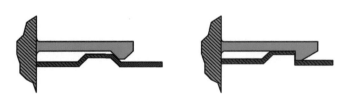

图437 如果左图中的拉伸载荷来自左边的卡扣，则该卡扣的拉钩可以从黑色斜面上脱出，即可拆卸。右图中的卡扣则为永久装配设计，有90°的角度，拉不开。

图438 卡扣上有显示拆卸的方向指示对用户来说会非常方便。

永久装配方法

除了上面的卡扣以外，最常用的永久组装方法如下：
- 超声波焊接；
- 振动焊接；
- 旋转焊接；
- 热板焊接；
- 红外（IR）焊接；
- 激光焊接；

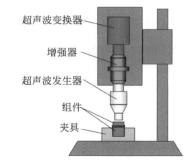

图439 超声波焊接设备。电磁信号在增强器中被放大，然后被传送到压在塑料组件（这里用绿色表示）上的超声波发生器。超声波发生器以高频振动，并将振动传递到上部，在塑料部件的两半之间产生摩擦热。

- 铆接；
- 胶合。

超声波焊接

超声波焊接是一种快速、成本相对低廉的方法，用于焊接较小的部件。

优点（+）和缺点（-）

+ 快（正常焊接时间<1s）
+ 易于自动化
+ 密封性好，无泄漏
+ 可大规模生产，经济性好
- 适用部件尺寸最大可达80mm×80mm（大于80mm需要多个超声波发生器）
- 不同的聚合物不能焊接在一起（但具有不同增强的相同聚合物可以焊接在一起）
- 吸湿性材料（如聚酰胺）在焊接前不得吸收任何湿气
- 频率高（产生噪声）

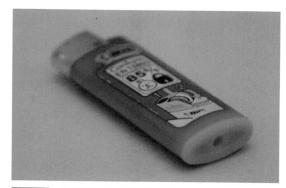

图440　这个BIC打火机就是超声波焊接的产品。把白色椭圆形底部焊接在绿色气体容器上，并且对焊接点有很高的要求，不允许有任何气体泄漏。

振动焊接

振动焊接是一种主要焊接较大塑料部件的方法。与超声波焊接一样，动能被传递到塑料部件之间的表面，然后两部件接触的表面因摩擦热而熔化。焊接时间为1～4s。

图441　振动焊接机。要想将图442中所示的两个一半的罐体焊接到一起就需要图中这种尺寸的机器。
来源：Stebro Plast AB

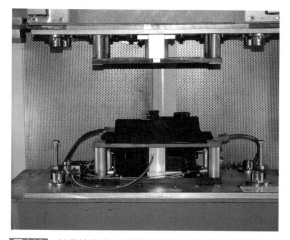

图442　被焊接的这两半罐体是用抗冲击尼龙6制成的。重要的是，它们是在注射成型后直接焊接的，还没有时间从周围的空气中吸收水分。
来源：Stebro Plast AB

优点（＋）和缺点（－）

    ＋适用于非常大的组件

    ＋适用于具有多级分模线的组件

    ＋可以将多个部件放入夹具中同时进行焊接

    ＋连接处无泄漏

    －焊接设备非常昂贵

    －不同的塑料不能焊接在一起（但是可以将具有不同增强等级的相同聚合物焊接在一起）

    －在焊接过程中，各部件必须能够相互移动3.5mm

旋转焊接

    这种方法快速、经济，但要求焊缝为圆形。在该方法中，下部塑料件被固定在夹具中，而上部塑料件被固定在旋转卡盘中。旋转卡盘带动上部塑料件压在下部塑料件上，动能因此转化为摩擦热，然后接触部分熔融在一起。

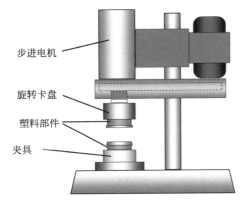

步进电机

旋转卡盘

塑料部件

夹具

图443　旋转焊接设备。

图444　借助于旋转焊接用玻璃纤维增强聚酰胺制成的球形浮子。

优点（＋）和缺点（－）

    ＋是焊接时间低于1s的快速方法

    ＋制造原型的投资成本低

    ＋连接处无泄漏

    －只能焊接圆形表面

    －对产品的不同部分定位相当复杂

热板焊接

    热板焊接是另一种适用于大部件的焊接方法。该方法特别适用于非晶塑料或软质材料。

图445说明了这种方法的原理。

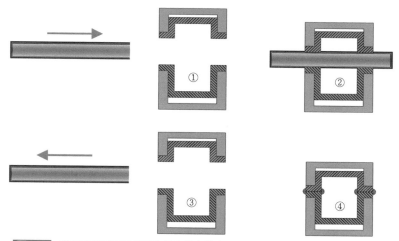

图445 将要焊接的产品放置在各自的夹具中。一个被称为热板的加热金属片被放置在各产品之间，见图①。

图②中，塑料产品被压在热板上，如果焊接聚酰胺，热板温度可达300℃以上。然后塑料产品接触表面会开始融化。

图③中，分离开塑料产品，快速收回热板。

图④中，产品被压在一起，这样两个产品就融合在一起了。

热板通常涂有一层含氟聚合物（聚四氟乙烯），以防止塑料黏结。

优点（＋）和缺点（－）

+ 适用于具有多级分模线的零件
+ 适用于非常大的部件
+ 多个零件可以同时焊接
+ 连接处无泄漏
- 由于聚酰胺表面会氧化，所以难以用此方法焊接
- 热板焊接需要相当长的时间（20～45s）
- 只能焊接相同类型的材料
- 聚合物会粘在热板上
- 对要焊接的部件表面平整度要求很高
- 焊接点周围温度高

图446 在焊点周围会有很大的飞边。

来源：DuPont

红外焊接

这种方法使人联想到热板焊接，但不是采用金属片，而是在塑料两半部分中间放置强红外（IR）源，致使塑料表面熔融。

熔化温度由加热元件的距离和加热时间决定。

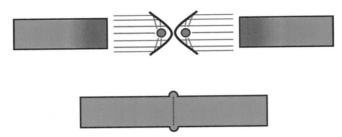

图447 红外源（两个镜像的红点）代替热板焊接中的金属板。

激光焊接

这是最先进的焊接方法，要求激光光束可穿透上部的塑料材料（黄色部分），而下部的材料（蓝色部分）将吸收激光的能量，从而使表面熔化在一起，如图448所示。

优点（＋）和缺点（－）

+ 焊缝外部没有明显的痕迹或损坏
+ 组件内部没有振动损坏
+ 焊接时产生的热量最小，即对翘曲和温度的影响都是最小的
+ 通过添加不可见的激光吸收颜料，可将不同颜色的部件焊接在一起
+ 不会生成飞边
− 要求材料对所选激光波长具有不同吸收特性
− 并非所有聚合物都是"激光光束可穿透的"
− 需要产品接触表面完美契合（即不能接受任何翘曲变形）
− 某些情况下需要特殊的激光光束可穿透的夹具
− 为达到最佳效果要求产品壁厚要小
− 在不同的分型线上进行焊接非常困难

图448 激光焊接原理图。蓝色箭头表示塑料产品彼此压紧，黄色椭圆是激光束，激光束被下部表面吸收，同时使上部表面熔化。

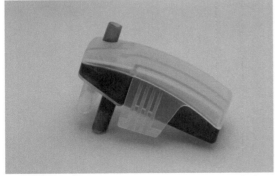

图449 一个过滤器，其中激光光束可穿透的上半部分已被激光焊接到对激光吸收的蓝色底座上。
来源：Arta Plast AB

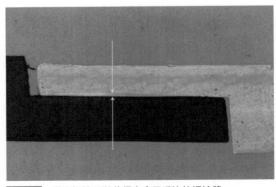

图450 激光焊接可以获得完全无毛边的焊接缝。
来源：DuPont

并非所有的塑料都适用于激光焊接，因为激光光束必须可穿透上半部分塑料。可以添加特殊的颜料，使下半部分吸收激光的能量。

铆接

这种方法是使用一个冲头，把铆钉翻卷在塑料（图451中绿色部分）上。冲头既可以是冷的，也可以是热的，也可以传递超声波能量。

优点（＋）和缺点（－）

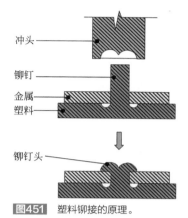

+ 强大的永久性装配方法
+ 允许组装不同的材料（例如金属对塑料）
+ 快速和经济
− 使用吸湿材料如聚酰胺时，必须经过调节或冲击改性

图451　塑料铆接的原理。

图452、图453　移动手机的皮带夹由两部分组成，然后通过加热铆接在一起。

图454　用聚甲醛制作的输送带链节。通过将钢板铆接到链环的上部，从而提高了耐磨性。

黏合

这种方法在大规模批量生产中并不常见。它主要用于制作样品。最大的优点是大多数材料（如金属、玻璃、织物、木料或其他塑料）都可以借助黏合剂黏合在一起。

优点（＋）和缺点（－）

+ 可以组装不同的材料
+ 适用于大型或复杂的表面
+ 适用于小体积和原型制品
− 劳动密集型且造价昂贵
− 并非所有塑料都可以黏合在一起（例如烯烃和含氟聚合物）

图455　不同类型的聚合物需要不同类型的黏合剂，大多数较大的胶黏剂供应商都会告诉你这一事实。

第25章 注射成型工艺

成型加工分析

在本章中，我们将介绍影响注射成型制品品质的主要注塑参数。我们还将强调系统化的工作和规范的文件存放是非常重要的。

图456是一个叫做“注射成型过程分析”的文件，是可以从www.brucon.se下载的一个Excel文件，在这张表上我们可以记录大部分注射成型部件的成型工艺参数。

该文件是由本书作者在负责北欧地区一家领先的塑料供应商的技术服务时所设计的。

你可能会想：当我可以在我的注塑机计算机系统中直接打印出所有的参数时，为什么我还需要花时间来填写这些内容呢？

答案是，你可能会被淹没在所有的数字中，很难找到问题的所在之处。你在寻找关键参数时也会遇到困难，因为不同机器的打印输出是完全不同的。

这份文件非常适合用于解决问题以及作为工艺和成本优化的基础，也可以用于记录试运行或启动新工作。如果你在进程处于最佳状态时填写文件，那么当出现干扰时，你将有良好的基准进行比较。因此，我们将详细介绍这个文件的结构，并解释每个填写区域中信息的含义。本章的最后一

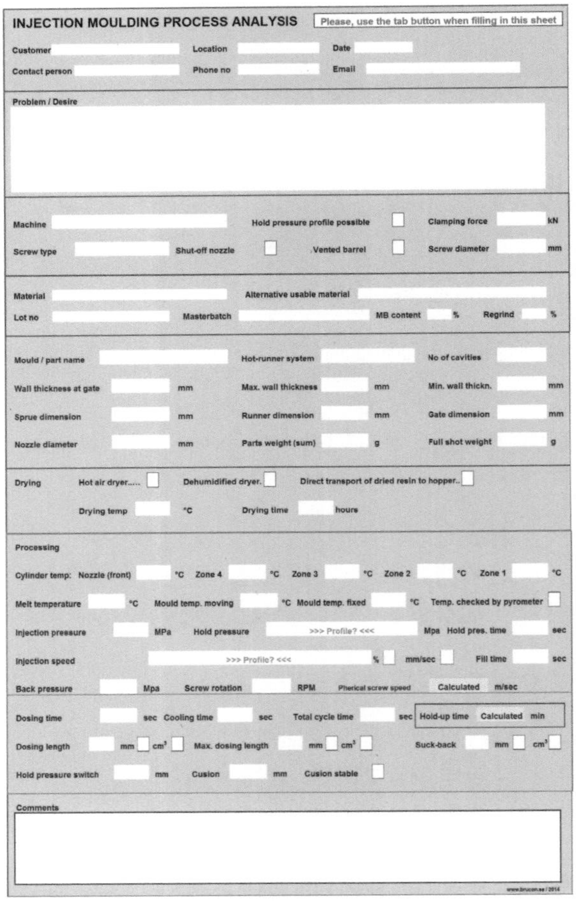
INJECTION MOULDING PROCESS ANALYSIS
Please, use the tab button when filling in this sheet
Customer　Location　Date
Contact person　Phone no　Email
Problem / Desire
Machine　Hold pressure profile possible　Clamping force　kN
Screw type　Shut-off nozzle　Vented barrel　Screw diameter　mm
Material　Alternative usable material
Lot no　Masterbatch　MB content　%　Regrind　%
Mould / part name　Hot-runner system　No of cavities
Wall thickness at gate　mm　Max. wall thickness　mm　Min. wall thickn.　mm
Sprue dimension　mm　Runner dimension　mm　Gate dimension　mm
Nozzle diameter　mm　Parts weight (sum)　g　Full shot weight　g
Drying　Hot air dryer.....　Dehumidified dryer.　Direct transport of dried resin to hopper..
Drying temp　°C　Drying time　hours
Processing
Cylinder temp:　Nozzle (front)　°C　Zone 4　°C　Zone 3　°C　Zone 2　°C　Zone 1　°C
Melt temperature　°C　Mould temp. moving　°C　Mould temp. fixed　°C　Temp. checked by pyrometer
Injection pressure　MPa　Hold pressure　>>> Profile? <<<　Mpa　Hold pres. time　sec
Injection speed　>>> Profile? <<<　%　mm/sec　Fill time　sec
Back pressure　Mpa　Screw rotation　RPM　Pherical screw speed　Calculated　m/sec
Dosing time　sec　Cooling time　sec　Total cycle time　sec　Hold-up time　Calculated　min
Dosing length　mm　cm³　Max. dosing length　mm　cm³　Suck-back　mm　cm³
Hold pressure switch　mm　Cusion　mm　Cusion stable
Comments
www.brucon.se / 2014

图456 “注射成型过程分析”文件。

注：扫描书后二维码，关注公众号，回复塑料使用指南即可下载本图表（中文版及英文版均可）。

页是完整格式的文件。

联系信息

在页面的顶部有一些可以填写的区域。如果你只打算使用这个文件作为内部文档，那么填写这些数据可能是多余的。但是，还是应该填写日期和联系人。如果几年之后，你需要回头看看某个特定的工艺是如何设置的，通常还是有必要知道是谁做的，然后可以得到更多的信息。

如果随着时间的推移已经进行了多个设置，那么知道何时进行的设置也是很重要的。

如果使用该文件与原材料供应商或兄弟公司等进行外部沟通，填写联系方式也会便于使用。

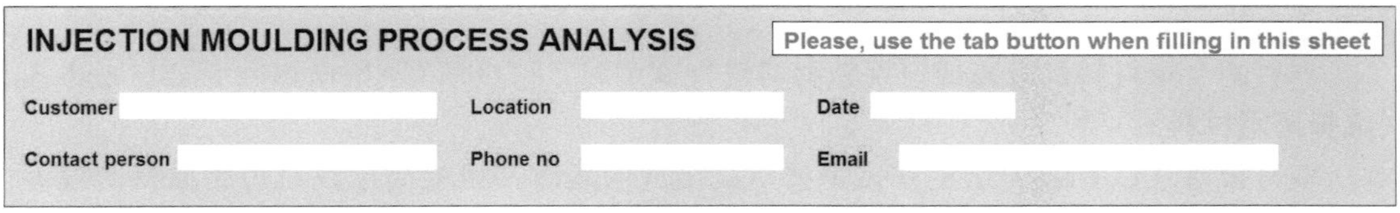

INJECTION MOULDING PROCESS ANALYSIS　　Please, use the tab button when filling in this sheet

Customer　　　　　Location　　　　　Date

Contact person　　　Phone no　　　　Email

图457　联系信息。

信息窗口

如果经过很长一段时间，你想使用这个文件中所包含的信息，那么了解它所记录工艺的前因后果是非常重要的。该工艺是否是遇到了什么问题时设置的？是否已经解决了这个问题？质量或成本是否优化？或者是否使用不同的材料进行了测试？这是应该在下面的窗格中输入的信息的类型。如果可以，请附上描述问题的照片。

Problem / Desire

图458　指定问题类型或优化需求等的信息面板。

材料信息

在下面的窗口中，可以填写有关塑料材料的信息，这些材料信息可能在之后重新试模、调查客诉或了解特定结果时会需要。

Material		Alternative usable material		
Lot no	Masterbatch		MB content %	Regrind %

图459 有用的材料信息。

在**材料（Material）**一栏中，可以输入塑料牌号，例如Rynite FR531 NC010，在这种情况下意味着它是杜邦的阻燃玻璃纤维增强聚酯PET。标识NC010是一种颜色代码，意思是"自然色（natural colour）"。如果使用色母粒着色，请在**色母（Masterbatch）**字段中输入色母粒的名称及其供应商名称，以及在**母粒含量（Masterbatch content）**字段中填写其含量。

图460 袋子标签上注明的批号。

当有两个原材料供应商或使用新材料进行试用时，可以填写**Alternative usable material（选择可用材料）**。

填写**批号（Lot No）**这栏非常重要，在出现问题时，可能会导致对树脂原料的投诉。大多数塑料生产商都希望通过序列号或批号来自己调查生产日志，以查看是否有异常状况。借助通常印在袋子或容器上的批号的帮助，可以获得有关材料的黏度和玻璃纤维含量等信息。如果以后要分析不同材料批次之间的差异，这是非常有用的。

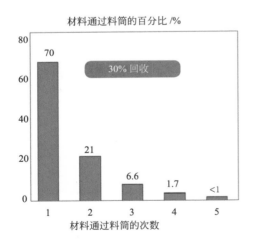

材料通过料筒的百分比 /%

图461 上图显示了材料在连续混合过程中通过料筒的次数，因而受到热影响。

混合比为30%，并且可以看到，在这个混合物中，70%的材料是原生材料，并且只通过料筒一次。91%的材料已经通过料筒一次或两次，只有1.7%的材料通过料筒超过三次。只有在特殊情况下例如医疗应用需要使用100%的原材料。

图462 不能将已经变色或热降解的材料研磨并混合到原始材料中。尽管变色可以用黑色色母粒掩盖，但是每次材料通过注塑机的料筒时，受到引起变色的第一次降解影响的材料的力学性能将会进一步降低。

在一些热塑性塑料如聚酯（PET）上，由于热降解，除了较低的力学性能外，看不出有任何变化。如果材料在第一次成型时不够干燥，也不会在表面发现任何变化或开裂。

如果将降解材料混合，在料筒内会发生水解反应，注塑件的冲击强度将会大大降低。

在最后一个栏**再生料（Regrind）**中，可以填写再生料的混合比例。通常多达三分之一的回料可以与原生树脂混合，而不会对性能有任何明显的影响。但是，应该注意：

- 不能使用变色或热降解的产品或流道；
- 把粉料机或研磨机直接连接到机器上，或用更好的方法，防止异物或污染物进入；
- 用有缓慢旋转和噪声较小的研磨机，以减少小颗粒的堆积，否则必须进行筛选，以免影响混料。

关于机器的信息

在图463所示的窗口中输入有关记录注塑过程时所使用的注塑机的信息。

| Machine | | Hold pressure profile possible .... | | Clamping force | kN |
| Screw type | | Shut-off nozzle........ | Vented barrel.............. | Screw diameter | mm |

图463 机器信息面板。

在**机器（Machine）**一栏中，不仅要输入机器的品牌，例如Demag 250-1450，也应该输入所在公司使用的机器的内部编号。这是因为即使在两台表面上完全相同的机器中，也可能得到不同的成型结果。

多年来复选框**保压曲线（Hold pressure profile possible）**都不可用，但现在大多数新注塑机都可以使用此设置选项。在某些情况下，对于某些材料，它可以是保压时间内的压力曲线，这是解决填充不足问题的参数。

机器的**锁模力（Clamping force）**较早时候是以t（吨）计。正确的单位是kN（千牛顿），正确的数值是把吨值乘以10，例如250t的注塑机的锁模力为2500kN。

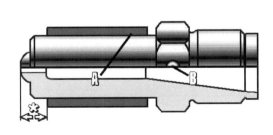

图464 在大多数情况下，建议使用上述开放式喷嘴。如果要求的循环时间非常短，并且需要在开模、顶出和关模阶段就进行下一次注射，或者使用气辅注射成型，则必须使用喷嘴这个选项。完成这样的订单，要将喷嘴更换为开放的喷嘴。
来源：DuPont

图465 一般来说，如果喷嘴是打开的或关闭的，是可以从机器的外部看到的。许多关闭喷嘴都配有可打开或关闭流量的移动杆。其他如上图所示，装有液压或气动阀。但是，请注意是否有从外部无法检测到的弹簧操作的自封喷嘴。

螺杆类型（Screw type）：大多数机器都是标准配置，装有通用螺杆，缩写为"GP螺杆"，适合于大多数热塑性塑料。偶尔会使用其他类型的螺杆如高低压螺杆、带多个侧翼的屏障螺杆，或专门设计用于玻璃纤维增强材料的螺杆（称为合金螺杆）。如果在生产过程中使用色母粒着色的材料，带混合头的螺杆效果最佳。如果料筒配备了这种能自封式的喷嘴，一定要检查栏中的**自封喷嘴**（Shut-off nozzle）。

关于**排气孔**（Vented barrel）的复选框，现在在这个选项上面打钩是非常罕见的。此前，除湿干燥机在市场上取得突破之前，有时会看到这种类型的料筒，它被用来直接在注塑机料筒上干燥塑料材料。图466显示了排气孔的原理。

机器信息的最后一个字段是**螺杆直径**（Screw diameter）。这个信息很重要，因为使用它来确定材料的旋转速度（螺杆的螺纹和料筒之间的剪切速率）是否正常。在料筒和螺杆螺纹之

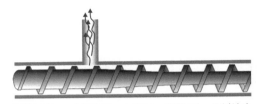

图466 一个排气筒，中央有一个排气孔。通过这个孔，水蒸气可以蒸发（用蓝色箭头表示）掉。这个想法是好的，但是，由于许多材料在这种圆筒中降解得更快，所以经常出现问题。

间有十分之几毫米，这就是材料向后流动并可以剪切的地方。如果剪切力变得太大，则料筒内的温度也会升高（摩擦热）。

关于模具的信息

在图467所示的窗口中，可以输入有关模具所需的信息，以了解注塑过程中与模具相关的可能问题。注塑件中的许多问题都是由于不适用热流道系统的材料热降解（参见例如图468和图469）。因此，有些热流道系统不适用于所有的材料，因此有必要填写**热流道系统**（Hot-runner system）品牌和类型。

Mould / part name		Hot-runner system		No of cavities	
Wall thickness at gate	mm	Max. wall thickness	mm	Min. wall thickn.	mm
Sprue dimension	mm	Runner dimension	mm	Gate dimension	mm
Nozzle diameter	mm	Parts weight (sum)	g	Full shot weight	g

图467 模具信息面板。

通过**模腔数量**（No. of cavities）这个字段，可以知道是所有零件有缺陷还是只有一个特定型腔的单个零件有问题。如果有多个模腔，通常在零件的表面上刻有数字。

为了使半结晶塑料产品充分填充，**浇口处的壁厚**（Wall thickness at gate）和**最大壁厚**（Max. wall thickness）之间要有正确的比例。

还需要知道**最小壁厚**（Min. wall thickn.）是多少，因为与最大壁厚差得太多，就可以解释为什么产品会有翘曲。

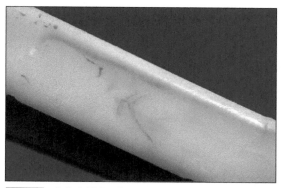
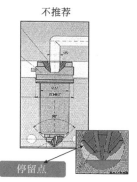
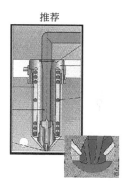

图468　在热流道模具生产时，如果出现变色产品，通常表明该热流道的某个位置有死角，导致树脂降解。当降解材料散开时就会看到这个产品变色。有时候在变色的产品出现之前可能会得到10～20个良品。解决这类问题的唯一方法是解决模具中的错误。

图469　左边这个热流道喷嘴，通过开放的间隙与模腔隔热。当这里被塑料填充（图像中的红色）后，塑料将在短时间后开始降解。右边的喷嘴是一个更好的系统例子，在这个系统中，由于封闭的空气隔离，从而模腔被热隔离同时塑料还不能进入被困住、热分解。

停留点

正如知道浇口处壁厚与最大壁厚之间的关系很重要一样，了解浇口处的壁厚，**主浇道尺寸（Sprue dimension）、分流道尺寸（Runner dimension）和浇口尺寸（Gate dimension）**之间的关系也很重要，可以判断是否可以进行充分的填充和收缩补偿。

喷嘴直径（Nozzle diameter）中的值可以根据浇口尺寸输入。通常，喷嘴直径应比直浇口的最小直径小1mm。如果喷嘴直径小于1mm，则存在无法充分填充和收缩补偿的风险。

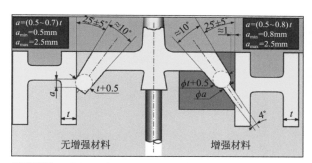
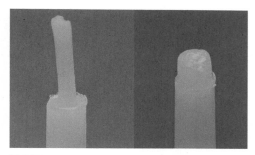

图470　无增强和增强材料的壁厚"t"、浇口、浇口尺寸和浇道之间的推荐关系。
来源：DuPont

图471　由两种不同直径的喷嘴生产的相同的浇口。左边的喷嘴直径比浇口最小直径小4mm。右边是用直径小于浇口最小直径约1mm的喷嘴制成的。产品是导轨绝缘体，而用左浇口制造的产品比用右浇口零制造的产品强度差20%左右。

模具信息窗格中的最后两个字段是**产品重量（总和）[Parts weight（sum）]和一模注塑重量（Full shot weight）**。这些重量之间的差异在于浇口和流道的重量包含在一模注塑重量中。如果产品很小，天平没有足够的准确度，也可以计算几模注塑的平均重量。使用产品重量（总和）和一模注塑重量之间的差值，可以计算在此过程中产生的回收材料的百分比。

烘干

许多热塑性塑料，无论是非晶的还是半结晶的，都必须干燥到要求的最大含水率，以获得最佳的结果。干燥时间和干燥温度因不同的聚合物有所不同，所以在试模的前一天烘料比较好，因为材料可能需要干燥8h才能使用。

Drying	Hot air dryer..... ☐	Dehumidified dryer. ☐	Direct transport of dried resin to hopper.. ☐
	Drying temp ☐ ℃	Drying time ☐ hours	

图472 烘干信息面板。

通常根据热塑性塑料在加工过程中对水分敏感度不同，可以划分为：
- 不吸湿（如PE，PP，PS，PVC和POM）；
- 吸湿（如ABS，PA，PC和PMMA）；
- 对水解敏感（如PBT，PET，PPA，LCP和PUR）。

非吸湿性材料不吸收水分，仅在特殊情况下才需要干燥。这些例外情况是当颗粒在表面凝结时，如果在冬季将冷藏室的材料带入温暖的生产车间，就可能会发生这种情况。POM是不吸湿的，如果想在抛光部件上具有非常高光泽的表面，或者如果POM经过抗冲击改性（通常是用PUR），则也需要对POM进行干燥。只有非吸湿性材料可以在一年的所有月份在热空气干燥器中进行干燥。

图473、图474 烘干机和直接运输单元。左图中有带有吸盘的空气干燥器，并直接输送到注塑机。与热风干燥器不同，空气直接来自室内并加热，热空气将通过空气干燥器中的吸湿过滤器。通常这些干燥器有两个过滤器（通常是二氧化硅），其中一个是活性的，另一个是再生的（干燥的）。同样重要的是要知道这些材料是否通过封闭系统直接运输到机器中。干燥的材料从干燥机里出来暴露在潮湿的环境中可能会在几分钟后就变得毫无用处。例如，聚酯PET，在室内空气里约10min内就会吸收足够的水分，变得非常脆。

因此，PET对水解反应敏感，只有当水分含量低于0.02%时，加工效果才良好。聚酰胺是吸湿性材料，在加工过程中水分含量可以比PET高10倍，即0.2%。如果材料在加工过程中都是湿的，力学强度会很差，产品表面会有裂纹，如聚酰胺。

196

因此，在复选框中指定使用何种类型的干燥器是很重要的：**热风干燥器（Hot air dryer）**，**空气干燥器（Dry Air Dryer）**，以及是否将材料**直接输送（Direct transport）**到机器上。

在原料供应商的处理建议中，可以获得有关干燥温度和干燥时间的信息。在某些情况下，延长干燥时间可以降低干燥时的温度。如果要在第二天进行试模并且必须在一夜之间烘干材料，这可能很有用。烘干机的温度设置和实际烘干时间应在**烘干温度（Drying temp）**和**烘干时间（Drying time）**栏中输入。

工艺信息

工艺信息面板（见图475）是最全面的，为了清晰可见，分为三个部分。

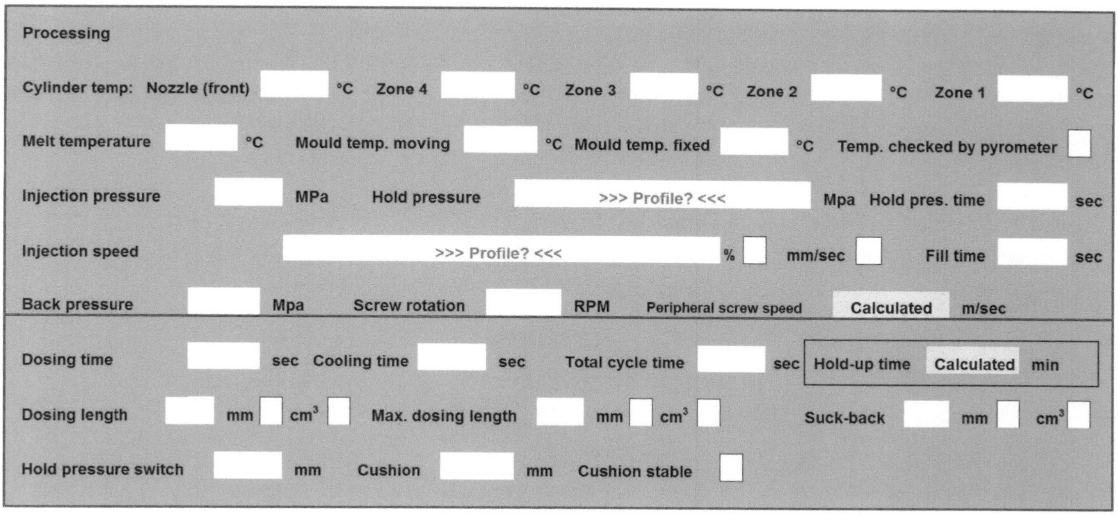

图475 工艺信息面板。

在图475中，可以发现影响注塑件质量的五个最重要的工艺参数。

我们将系统地研究这些参数，并解释一些可能影响零件质量的其他参数的含义。

五个最重要的参数	其他重要参数
●料筒温度分布	●背压
●熔体温度	●螺杆转速
●模具温度	●冷却时间
●保压	●注射速度
●保压时间	●保压切换点

温度

图475窗口中的前两行包含温度设置。

注塑机料筒和喷嘴的所有区域温度都应该输入。这是为了控制温度分布（见图476）是否正确。

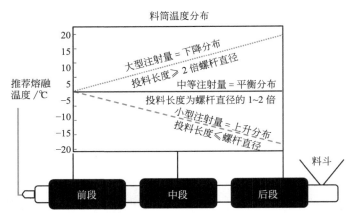

图476 图中的绿色虚线表示上升的温度分布，即最接近料斗的区域温度最低，靠近喷嘴的区域最高。这是最常用的设置。当投料长度（mm）小于螺杆直径时，应使用上升型分布。

尤其是当生产需要较高比热容的半结晶塑料时（见下面的图477），具有正确的温度分布非常重要。如果投料量大于螺杆直径的长度，就应该设置一个平衡的分布，即所有区域的温度相同，或者下降分布，即最高温度在料斗处，喷嘴处为最低温度。当计量长度介于落杆直径的1~2倍时，建议使用平衡分布（蓝色）。如果计量长度大于螺杆直径的两倍，则推荐使用下降分布（红色）。

来源：DuPont

　　图477中的蓝色曲线代表了非晶热塑性塑料的比热容。在玻璃化转变温度以上，曲线变为常数时，无论温度范围在哪里，都需要一个相同的能量来提高温度。

　　红色曲线代表半结晶材料。在这里，我们可以看到，在温度曲线的一个小区域内，需要大幅度的能量提升才能将温度提高一度。这是材料熔点区，它被称为熔化热，即材料从固态变为液态所需的能量。

　　在图478中有一个已被锯开的聚甲醛产品。由于将天然本色颗粒与黑色回收料混合在一起，可以看到一些颗粒虽然通过料筒但没有熔化。如果只使用本色或黑色材料，则无法以视觉方式检测到问题。但

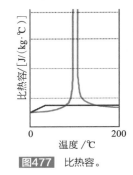

图477 比热容。

是可以使用结构分析方法，如图479所示，用薄片切片机切下薄切片，并用偏振光从下面照亮，然后用显微镜来研究。如果产品中有没有熔化的材料，产品的强度将显著降低。

图478 POM产品中的未熔融现象。

来源：DuPont

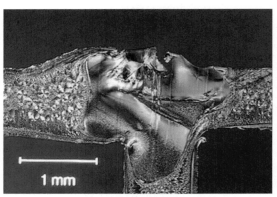

图479 通过显微镜观察到的未熔化材料。

来源：DuPont

在涉及成型件质量时，**熔体温度（Melt temperature）**和**料筒温度分布（Cylinder temperature profile）**是五个最重要的工艺参数中的两个。这种熔体温度非常重要，需要在**测得温度（Temp. checked）**栏里确认，通过高温计检查以确定已经测量过，而不是从机器的显示屏上复制数字（见图480）。

用高温计测量熔体温度的另一个原因是可以更直观地观察熔体。在图482中示出了当将银色PA66从料筒中清除出来时从喷嘴射出来的材料股线。在这两种情况中，通过高温计测量显示都是295℃。

图480　高温计。

图481　熔体温度控制。

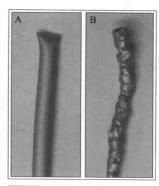

图482　拉料拉出来的PA66股线。
来源：DuPont

图482"A"股线看起来像完美熔融，即光滑有光泽。但是，在图482"B"中，可以清楚地看到股线中未熔融的颗粒，这是因为料筒温度分布不均匀。

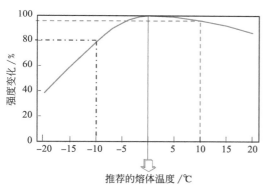

图483　拉伸强度与半结晶塑料熔体温度的函数关系。最高值为100%，是材料供应商在其加工手册中推荐的值。

如果在低于推荐温度10℃的温度下加工材料，则材料强度会降低，在这种情况下强度会降低20%。如果将温度提高到建议值以上10℃，强度只会降低几个百分点。当温度降低时，材料的强度显著下降的原因是熔体中有未熔融颗粒。这一点很重要，因为相同聚合物的变体可能具有不同的熔化温度。

聚甲醛共聚物和均聚物之间的熔体温度差有10℃，即205℃和215℃。当在共聚物温度设定下生产均聚物时，会导致均聚物的力学性能显著降低。

注：在PA6和PA66之间，差值为30℃，如果不考虑温度差问题可能会导致大量的废品和时间上的浪费。

图484　当可以看到上方有多少属性受到影响时，就不难理解，为什么模具温度是一个重要的参数。

- 温度越高，表面光泽度越好。模具温度也影响脱模的时间。如果表面温度过高，则可能会出现顶针痕或产品翘曲。如果你用较长的冷却时间补偿这一点，将会对经济收益产生影响。
- 模具不同部位的温度变化导致不同的收缩，就会导致产品内应力和翘曲变形。
- 半结晶塑料的机械强度受结晶度的影响，其中较高的温度导致较高的结晶度和较高的强度。
- 如果提高模具温度，材料在模具中不会凝固得很快，并且可以更容易填充。
- 如果材料在熔体流动相遇之前冷却得太快，就会得到不良的熔合线。
- 模具温度对产品收缩即尺寸的收缩至关重要。

面板的最后一个温度是**模具温度（Mould temperature）**，这也是五个最重要的参数之一。这个温度通过测温仪在模具表面测量出来。

绝对不能相信模具温度控制器上的设置，因为不同模具之间甚至其内部的温度都会有很大的差别。型芯的温度比型腔本身高100℃以上并不罕见。

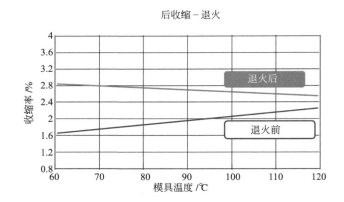

后收缩 – 退火

图485　图中，可以看到杜邦公司的Delrin 500聚甲醛均聚物中的3.2mm厚测试样条的总收缩率，与退火前后模具温度的函数关系。

退火是将样品放置在160℃的烘箱中约一个小时。

蓝色曲线显示约24h后测量的成型收缩率。

红色曲线显示退火后的总收缩或最终收缩。也是测试棒未经过退火，在室温下缩短数月后的收缩。

成型收缩率为1.6%，总收缩率为2.9%。如果在塑料生产商推荐的模具温度（90℃）下生产测试样条，成型收缩率将略高（1.9%），而总收缩率下降（2.6%）。

如果进一步升高温度，总收缩率继续下降。蓝色和红色曲线将在材料的熔点（175℃）内相交。

来源：DuPont

大部分图纸都要求尺寸和公差。注塑件的尺寸与模腔不同的原因取决于材料收缩率。材料收缩会给成型商带来一些问题，除非使用发泡剂。收缩是一个持续很长时间的物理过程，它可以分为两部分：在产品生产16～24h后测量的成型收缩以及与温度和时间（长期）相关的后期收缩。这些收缩的大小取决于产品的壁厚、聚合物类型、填充物或增强剂以及模具温度等至关重要的工艺参数。

如果模具温度较高，则成型收缩较高，而模具温度较低的情况下，后收缩和总收缩（即成型收缩+后收缩）相比之下将变得较低。

通过在烘箱中退火，可以加速半结晶塑料的后收缩，从而减少半结晶塑料的总收缩量。

图486　齿轮通常由聚甲醛制成
这种半结晶热塑性塑料具有非常高的结晶度。为了避免在一定时间后出现齿牙尺寸问题，通常在装配之前将齿轮退火到正确的（最终）尺寸。
图为激光打印机的齿轮箱。

压力、注射速度和螺杆转速

在此窗口中，我们将填写最重要的压力设置：保压时间、螺杆转速和填充时间。

Injection pressure		MPa	Hold pressure	>>> Profile? <<<		Mpa	Hold pres. time		sec
Injection speed			>>> Profile? <<<		%	mm/sec		Fill time	sec
Back pressure		Mpa	Screw rotation		RPM	Peripheral screw speed	Calculated	m/sec	

图487 压力窗口和螺杆速度窗口。

我们先从**注射压力（Injection pressure）**栏开始。在许多注塑机中，**注射压力（Injection pressure）**和**注射速度（Injection speed）**之间有直接的关系，这意味着如果要达到最大螺杆射速，必须具有最大注射压力。

通常的做法是设置保压切换（见下文图498），在注射阶段模腔未被完全充满。因此，可以在试模设置中先选择最大注射压力，然后设置在一定范围内，以免损坏模具。当注射阶段（模具填充阶段）结束时，就可以从注射切换到保压了。

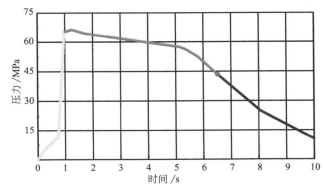

图488 在上图中，可以看到在模腔内使用压力传感器时，注射成型周期中压力曲线的走势。曲线的黄色部分是注入阶段，在这种情况下，注入阶段持续1s，然后切换到保压阶段（绿色曲线），该阶段又持续约5.5s。当绿色曲线转变为蓝色时，下一次注射的塑化阶段开始，腔体内的压力不断下降。由于热膨胀减小和模具收缩两者的相互作用，部件被冷却。10s后，零件被顶出，现在重要的是剩余压力（约10MPa）不太高，因为可能存在产品粘在型腔中、变形或开裂的问题。

保压

保压是五个重要的注塑参数之一，通常塑料原材料供应商已经在加工建议中指定了保压。

关于非晶塑料，通常应该尽可能降低保压以避免产品粘在型腔中的风险。同时，保压还必须足够高以避免产品有缩水痕。为了达到这种平衡，可能需要在保压时间内对压力进行分析（让其逐步下降）。

执行此操作时，可以在压力窗口中的**保压（Hold pressure）**字段中输入这些步骤。

关于半结晶塑料，应该尽量使用较高的保压。其原因是在填充阶段较高的压力会使塑料结晶度更高，收缩率更低，尺寸稳定性更好，强度更高。

压力多大比较合适？答案是：

① 直到在模具的分模线上看到有飞边毛刺为止；

② 压力有点大的时候产品会粘在模具中而导致顶出有问题。通常情况下，产品要是有点粘模（就是有点太紧的时候）顶出时会听到啪啪声。

一定要注意，只能一点一点地增加压力，因为一旦产品粘在模具里，尤其粘在型腔里的产品会很硬，以至于需要拆下模具并花费不必要的时间把粘在里面的产品取出。

一旦找到了可以用于批量生产的最大保持压力，还应该优化保压时间。半晶塑料供应商建议在整个保压期间使用恒定保压。但有时候不得不对其进行剖析分段以获得最佳结果。

关于"我们应该选择什么样的保压时间？"的问题，答案是：

① 关于非晶塑料，尽可能短，但不能有缩水痕；

② 关于半结晶塑料，就与之不同了。

在一些塑料供应商的加工手册中，可以找到与产品的最大壁厚有关的参考保压时间，例如对于未增强的PA66，4s/mm；对于玻璃强化的PA66，2～3s/mm；对于聚甲醛，壁厚达3mm时保压时间7～8s/mm。如果超过3mm，则需要进一步增加每毫米的保压时间（参见图490）。这些数值仅供参考，应通过实际测试确定最佳的保压时间（见图491），并将其输入**保压时间（Hold pressure time）**字段。

图489 在分模线上有严重飞边的聚酰胺螺母
发生这种情况时，应减小压力，直到分型线不会出现飞边。

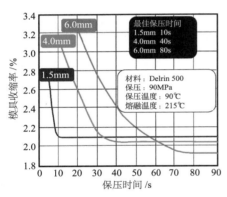

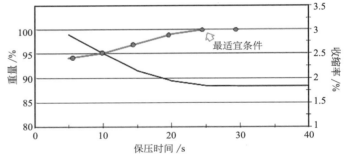

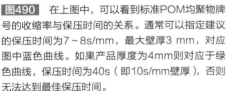

图490 在上图中，可以看到标准POM均聚物牌号的收缩率与保压时间的关系。通常可以指定建议的保压时间为7～8s/mm，最大壁厚3 mm，对应图中蓝色曲线。如果产品厚度为4mm则对应于绿色曲线，保压时间为40s（即10s/mm壁厚），否则无法达到最佳保压时间。
对于更厚的壁，例如红色曲线中的6mm，则需要80s（即13s/mm的壁厚）。
来源：DuPont

图491 确定正确保压时间最准确的方法是在模腔中安装一个压力传感器，再有一个可以计算其最佳值的特殊计算机程序。在上文图488中可以看到那样的一条曲线，而显示出最佳保压时间为6.6s（红点），就是绿色曲线合并到蓝色曲线中的那个点。
但最常见的方法是制作重量曲线。如果使用的是多腔模具，则应该把该产品或多个产品称重，但要排除浇口和流道。
如果增加保压时间后产品重量增加，则应继续增加保压时间，直到重量不再增加。在上面的红色重量曲线中，25s后产品重量不增加，这就是具有最佳强度和尺寸稳定性的最佳保压时间。黑色曲线显示收缩率持续下降，直至达到最佳保压时间。

正如保压会影响零件的强度和尺寸一样，保压时间的增加也同样会影响零件的性能，依据零件强度和尺寸变化可得到最佳保压时间。原材料供应商在其加工手册中可能推荐的时间只有在浇口的尺寸和位置正确时才能达到（见图492和图493）。还必须确保在整个保压阶段螺杆前面有足够的材料，也就是说，必须有一个厚度不小于5mm或10%螺杆直径的料垫。

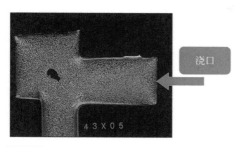

图492　浇口不位于产品最厚的产品壁上，这意味着最厚位保压不充分。因此，冷却过程中，体积收缩小，产品内部将出现气孔。

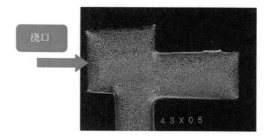

图493　浇口正确地位于产品的最厚壁处。在最佳保压时间下，产品将获得平滑无孔的结构。
来源：DuPont

注射

　　注射速度是螺杆在注射阶段线性移动的速度。根据产品的几何形状或排气问题，有时把注射速度分成几段。在"应该设置哪种注射速度？"的问题上，答案是：必须通过反复试验。通过提高注射速度，可以获得更好的表面，但同时如果浇口太小或圆角不合理则会增加浇口剪切的风险。你也会遇到排气导致的产品表面出现烧伤问题。

　　填写加工窗口中的字段**注射速度（Injection speed）**。如果把注射速度分成几段进行，则可以在各值之间用短划线指定。由于某些机器的注射速度是以**毫米/秒（mm/s）**为单位，其他机器的注射速度是按最大速度的百分比表示，所以还必须勾选其中一个复选框以指定正确的设置。

　　填充时间（Fill time）不是要设置的参数，而是注射量、流道的长度和注射速度的输出结果。

　　"背压（Back pressure）"是影响熔融的参数。当螺杆在熔融给料阶段旋转时施加该压力，以防止螺杆向后移动过快。在此基础上，我们获得了较好的颜料混合、分散和熔体均匀化。背压使回流阀中的环更容易向前移动并打开，使熔融的塑料能够流向螺杆的前端（见图494）。

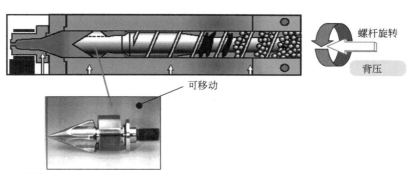

图494　上面的白色箭头显示了熔融阶段背压的方向。在螺杆的左侧有带回流阀的螺钉头。在熔融过程中，可动环向前移动并打开阀门。注射后，它向后移动并密封螺杆，因此将起到活塞的作用。
检查回流阀有没有磨损是很重要的，以防止注射过程中材料向后泄漏。该环具有比回流阀中的其他部件更低的硬度，并且会磨损得更快，因此需要定期更换。
如果阀门泄漏，将得不到稳定的缓冲；由于这个原因，螺杆将继续向前蠕动。
来源：DuPont

通常情况下，熔融过程中背压要尽可能低（轻微的熔融时间变化和料垫尺寸变化）。背压越高，熔融时间越长，这会延长注射周期并损害经济性。

螺杆转速

影响熔融和熔体质量的另一个设置是**螺杆旋转（Screw rotation）**。较高的螺杆转速将减少熔融时间，同时螺杆和料筒壁之间的材料剪切会增加。如果**外围螺杆速度（Peripheral screw speed）**太高，材料中的分子链将发生剪切并产生摩擦热和热降解。结果就是降解后的材料将沉积在螺杆上（见图496）和模具中。螺杆上的沉积物也会在产品表面留下黑点。摆脱螺杆沉积的唯一方法是从料筒中取出螺杆并用钢丝刷手动清洁。

关于"对于一种特定的聚合物可以用多高的螺杆转速？"这个问题，没有直接的答案。首先，必须找出机器的螺杆直径，然后计算出螺杆的外周速度。原材料供应商提出过不同等级的最大圆周速度的建议。圆周速度是螺杆旋转时螺杆侧翼表面上点的旋转速度。

如果你研究你手表的分针，几乎看不到它的尖端移动，因为圆周速度太低。如果你看的是一个大型挂钟，你就可以看到指针随着周边速度的提高而移动。在这两种情况下，分针的速度是相同的，即每小时旋转一周。下面的公式给出了允许的最大螺杆转速与最大允许圆周速度之间的关系。

图495 在图片中，可以看到这是一个白色的产品，表面有黑点，给人一种很脏的印象。如果有多腔模具，并且所有部件都显示相同的问题，通常就会在机器的喷嘴、料筒或螺杆中找原因。

应该做的第一件事就是测量熔体温度并仔细研究从料筒里拉出来的料线的外观。如果在料线上看到黑点，则正常的程序是停止生产并用清洁树脂清洗料筒。如果这不起作用，就必须取出螺杆并清洁。

当有些聚合物降解时，会生成腐蚀性气体，导致螺杆上出现蚀点（参见图496中螺杆的侧面）。如果发生这种情况，除非修理螺杆或更换，否则永远不会解决问题。

图496 在生产红色聚甲醛产品时由于螺杆旋转速度太高而导致的沉积物。当聚甲醛共聚物降解时，会形成甲酸，这是极具腐蚀性的，会腐蚀钢的表面形成凹坑（见图中的螺旋侧面）。一旦发生这种情况，问题就会更严重。

$$最大螺杆旋转速度 = \frac{最大圆周速 \times 1000 \times 60}{螺杆直径 \times \pi}$$

图497 螺杆旋转的单位为"每分钟转数（r/min）"。圆周速度以米/秒为单位，螺杆直径以毫米为单位，这就是为什么公式中包含"1000×60"以获得正确单位的原因。根据公式，你会明白，如果有指定的最大圆周速度并且会增加螺杆直径，则需要减少螺杆旋转。

如果在窗口中输入**螺旋直径（Screw diameter）**和**螺旋旋转（Screw rotation）**（见图497）栏，则会自动计算圆周速度并显示在**外围螺杆速度（Peripheral screw speed）**栏中。

时间和长度设置

Dosing time		sec	Cooling time		sec		Total cycle time		sec	Hold-up time	Calculated	min
Dosing length		mm		cm³		Max. dosing length		mm		cm³	Suck-back		mm		cm³
Hold pressure switch		mm		Cushion		mm		Cushion stable					

图498　显示加工时间和长度设置的窗口。

　　储料时间（Dosing time） 不是一个设定参数，而是几个因素的结果。它受产品体积、料筒尺寸、实际螺杆转速和背压的影响。

　　该值通常显示在机器的显示屏上。

　　然而，**冷却时间（Cooling time）** 是输入参数。为了缩短周期时间（和经济效益），我们应该尽可能缩短冷却时间，但不要让产品太软以至于在顶出过程中产生变形。如果我们采用的是开放式喷嘴，正常情况下，冷却时间必须比熔融时间长一点。通常是把熔融时间加0.5～1s就得到冷却时间。如果储料时间变化，这个额外的余量可以被看作是防止生产停止的安全余量。

　　如果我们采用的是一个自封式喷嘴，则可以缩短冷却时间，因为在这种情况下，我们可以在整个开模、注射和合模阶段进行储料。"**总成型周期（Total cycle time）**"是所有时间段的总和（参见图499）。

　　我们可以在大多数注塑机的显示屏上阅读这些时间信息，当您有这段时间并知道**最大储料长度（Max dosing length）**，实际**储料长度（Dosing length）**和**垫料（Cushion）**时，我们就能计算在连续生产过程中，料筒内物料的**停留时间（Hold-up time）**。图500所示的公式可以使用但并不完全准确，不过它提供了一个很好的指导原则。

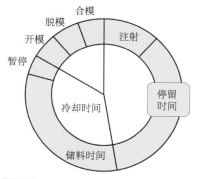

图499　所有时间的总和即为"总成型周期"。

$$停留时间 = \frac{最大储料长度}{实际储料+垫料} \times 2 \times \frac{成型周期}{60}$$

图500　计算停留时间的简单公式。

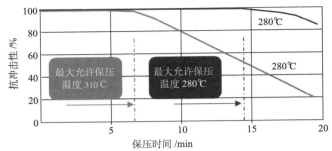

图501 增韧PA66的冲击强度受到在料筒内保压时间的影响。在熔融温度为280℃（蓝色曲线）时，材料在降解开始前能保持约15min的停留时间。在310℃（红色曲线）下，材料在分子链开始降解之前仅能维持7min停留时间。
对停留时间的最敏感的树脂是阻燃等级的树脂。
来源：DuPont

在许多注塑机上，可以看到一个在一个刻度尺上机械地跟随螺杆做直线运动的指针。下图显示了这样的刻度尺，在注射成型周期内指针的位置用彩色三角形标出。

图502 上述刻度尺的照片来自一台新的注塑机。
当针头位于最左侧的起始位置时，最大储料长度为170mm。蓝色三角形标记选定的储料长度，黄色是抽回后的位置，这是注射开始前的最终位置。在注射过程中，指针快速移动到保压切换的位置，由绿色三角标记。然后在保压阶段，指针在开始再次给料之前缓慢蠕动以达到其最终位置。标有红色三角形的位置称为缓冲垫。

在**储料长度（Dosing length）**字段中，应设置与整个射出需要的注射量体积（+缓冲）相对应的距离。在大多数机器上，储料长度、保压切换和缓冲垫以毫米为单位，但也有一些以立方厘米为单位。通常情况下，以毫米为单位表示的是位置。降压或**抽回（Suck-back）**是在给料后让螺杆线性向后移动几毫米。

通常在半结晶材料上使用减压来将材料从喷嘴吸回到料筒中以防止材料凝结并堵塞喷嘴。

如果回吸太大，会有将空气吸入熔体的风险，从而导致产品内部产生气泡（参见图503）。

在注射过程中，螺杆起到活塞的作用，并迅速从后面位置移动到从注射压力切换到保持压力的位置。该刻度上的这一点称为保压切换点。有几种方法可以从注射压力切换到保压：

图503 一个由PA66制成的测量注射器的圆柱体。
错误地设置了一个太大的回吸，从而在产品内部产生了大量的气泡。如果采用未着色的树脂，肉眼就可以看到这一点。由于在柱体安装时通过重量进行质量控制，机器操作员第一次发现问题就是当重量显著下降时。
如果零件是用黑色材料制造的，那么重量控制就是检测这个问题的唯一方法，否则这会导致柱体壁强度大幅减弱，从而导致投诉。

- 利用模腔内部的压力传感器进行压力测量，这是最准确的方法，但在塑料工业中非常少见。
- 用设定的距离或体积，这是目前的绝对主流方式。并且在**保压切换**（Hold pressure switch）字段中，我们可以勾选**mm**或**cm³**其中一个方框以获得正确的单位。
- 用时间控制，这是不太准确的方式。

关于"我们应该在哪里设置保压切换点？"的问题，答案将是必须通过反复试验找到它。

① 由"短射"（未填充的部件）开始，即将保压切换设置在计量长度的大约30%处。

② 去除保持压力，即将该值设定为0MPa。当注射零件时，注射压力在到达保压切换点时下降到0 MPa。螺杆的直线运动立即停止。在这种情况下，模腔通常不会被完全充满。

但是，如果是这样的话：

③ 进一步移回保压切换点。完美的设置是填充模腔的90%～95%的位置（参见图504）。

图504　由聚甲醛制成的一个弹簧锁扣的一半。产品成型有两个型腔，同时通过上述步骤设置保持压力切换。

这两个模腔由于浇口的尺寸可能存在很小的差异所以两腔的填充并不能完全相同。图中，我们可以看到产品没有被完全填满。我们还可以看到，当我们寻找切换点的正确位置时，填充已经达到全部量的90%～95%建议值。

然后，当将保压从0MPa调整到正常设置时，图中下面的产品的剩余部分将会被填满，并且两个产品都将被充实并获得正确的强度和尺寸。

工艺面板的最后一个字段是**缓冲**（Cushion）和复选框**缓冲稳定**（Cushion stable）。本章前面我们提到，缓冲垫应该至少达到5mm，并且理想情况下应该始终达到相同的值，小零件加减十分之几毫米，大零件加减一毫米。如果在保压时间内缓冲垫稳定下降，这通常是回流阀泄漏的标志。在这种情况下，应该立即调整阀门，否则模制件的质量会受到影响。

"注射成型过程分析"中的最后一个窗口称为**注释**（Comments）。可以在此写出观察结果、试模结果或其他可能有用的信息。

在图505中，可以找到完整格式的"注射成型过程分析"，如果想要Excel电子表格文档，可以从www.brucon.se免费下载。

INJECTION MOULDING PROCESS ANALYSIS

Please, use the tab button when filling in this sheet

Customer		Location		Date	
Contact person		Phone no		Email	

Problem / Desire

Material		Alternative usable material	
Lot no		Masterbatch		Masterbatch content	%

Machine		Hold pressure profile possible .... □	Clamping force	kN
Screw type		Shut-off nozzle........ □	Vented barrel.............. □	Screw diameter	mm

Mould / part name		Hot-runner system		No of cavities	
Wall thickness at gate	mm	Max. wall thickness	mm	Min. wall thickn.	mm
Sprue dimension	mm	Runner dimension	mm	Gate dimension	mm
Nozzle diameter	mm	Parts weight (sum)	g	Full shot weight	g

Drying   Hot air dryer..... □   Dehumidified dryer. □   Direct transport of dried resin to hopper.. □

Drying temp °C   Drying time hours

Processing

Cylinder temp: Nozzle (front) °C   Zone 4 °C   Zone 3 °C   Zone 2 °C   Zone 1 °C

Melt temperature °C   Mould temp. moving °C   Mould temp. fixed °C   Temp. checked by pyrometer □

Injection pressure MPa   Hold pressure >>> Profile? <<< Mpa   Hold pres. time sec

Injection speed >>> Profile? <<< % □ mm/sec □   Fill time sec

Back pressure Mpa   Screw rotation RPM   Peripheral screw speed | Calculated | m/sec

Dosing time sec   Cooling time sec   Total cycle time sec | Hold-up time | Calculated | min |

Dosing length mm □ cm³ □   Max. dosing length mm □ cm³ □   Suck-back mm □ cm³ □

Hold pressure switch mm   Cushion mm   Cushion stable □

Comments

www.brucon.se / 2014

图505 "注射成型过程分析"表格。Excel形式的电子表可以从www.brucon.se的网址免费下载。

第26章 注射成型工艺参数

在本章中，我们将介绍多种热塑性塑料的主要注塑参数，见图506。

当使用注塑机调试新树脂时，如果有原材料生产商推荐的工艺数据，就应始终使用原材料生产商的推荐数据；如果没有，可以查看生产商的网站或在互联网上搜索。

注意：图506表格中显示的值对于未修改的标准等级的聚合物而言是典型值，并且仅用作粗略指导。可联系塑料原材料供应商以获取关于特定牌号的准确信息！

熔体温度（The melt temperature）是最重要的参数之一。在加工半结晶塑料时，我们应该始终考虑熔体中可能含有未熔化颗粒的风险。为了消除这种风险，我们应该使用取决于料筒容积利用率的料筒温度分布。请参阅第25章。还应该了解，添加剂（如阻燃剂或抗冲击改性剂）通常要求的温度低于标准等级。而有玻璃纤维增强牌号通常应与未增强牌号温度设置相同。

模具温度（The mold temperature）也是实现最佳成型质量的最重要参数之一。对于半结晶塑料，需要一定的模具温度以确保材料的晶体结构不变，从而提供最佳的强度和尺寸稳定性（后收缩较少）。详见第25章。

对于吸湿（吸收水分）或对水解敏感的塑料（由于潮湿会发生化学降解），**干燥（Drying）**是必需的。更多信息请参见第25章。我们建议注塑企业在其生产中使用除湿（干燥空气）干燥机（即烘料箱）。因此，只要空气干燥器工作的露点温度足够低，图506中供参考的所需的干燥温度和干燥时间就会使其低于材料允许的最大含水量。

还要注意的是，如果你觉得你的材料干燥时间可能会超过图506中指定的时间，就应该降低10～20℃的温度，因为有些材料时间长了会氧化或热降解。"通常不需要干燥！"的材料如果颗粒表面会发生冷凝，可能仍需干燥。如果是这种情况，干燥温度80℃，干燥时间1～2h通常效果就很好。

由于许多注塑企业用过高的螺杆转速储备下一次注射的料，因此由于高剪切力和摩擦而不必要地减少了料筒中的聚合物链，导致质量较差，因此我们需要"圆周速度（Peripheral speed）"这项数据。在第25章有一个公式，可以根据螺杆直径计算允许的最大圆周速度和最大允许的转速。如果无法找到树脂的建议最大圆周速度，那么请记住这一点，与黏度较低的标准等级相比，高黏度等级有时需要降低30%的转速。例如，熔体流动速率为1～2g/10min的冲击改性聚甲醛的推荐最大圆周速度为0.2m/s，而标准等级的熔体流动速率为5～10g/10min的推荐最大圆周速度为0.3m/s。对于玻璃纤维增强等级，我们通常会推荐建议的最大圆周速度为未增强等级的30%～50%。此外，抗冲击改性的阻燃等级对剪切比标准等级更敏感。

　　具有足够高的**保压（Hold pressure）**对于半结晶塑料尤为重要。通常建议尽可能高的压力，但不要在分模线上产生飞边或顶出问题。因为许多注塑企业有时设定的保压太低，导致产品质量较差，因此我们需要"保压"的参考数据。

　　其他重要参数如保压时间、保压切换、背压、注射速度和减压更多取决于零部件设计和设备条件。因此，我们不能给出这些参数的任何参考值，读者可以参考第25章。

半结晶树脂

| 材料 | 类型 | 熔体温度/℃ | | 模具温度/℃ | 干燥 | | | | 保压/MPa | 最大圆周速度/（m/s） |
		标准	范围		温度/℃	时间/h	最大湿度/%	露点/℃		
聚乙烯	PEHD	200	200～280	25～60	通常不需要干燥！				25～35	1.3
聚乙烯	PELD	200	180～240	20～60	通常不需要干燥！				25～35	0.9
聚乙烯	PELLD	200	180～240	20～60	通常不需要干燥！				25～35	0.9
聚乙烯	PEMD	200	200～260	25～60	通常不需要干燥！				25～35	1.1
聚丙烯	PP	240	200～280	20～60	通常不需要干燥！				35～45	1.1

无定形树脂

| 材料 | 类型 | 熔体温度/℃ | | 模具温度/℃ | 干燥 | | | | 保压/MPa | 最大圆周速度/（m/s） |
		公称	范围		温度/℃	时间/h	最大湿度/%	露点/℃		
聚苯乙烯	PS	230	210～280	10～70	通常不需要干燥！				45～50	0.9
HIPS	PS/SB	230	220～270	30～70	通常不需要干燥！				45～50	0.6
SAN		240	220～290	40～80	通常不需要干燥！				45～50	0.6
ABS		240	220～280	40～80	80	3	0.1	−18	45～50	0.5
ASA		250	220～280	40～80	90	3～4	0.1	−18	40～45	0.5
PVC	软	170	160～220	30～50	通常不需要干燥！				40～45	0.5
PVC	硬	190	180～215	30～60	通常不需要干燥！				50～55	0.2
PMMA		230	190～260	30～80	80	4	0.05	−18	60～80	0.6

半结晶工程塑料

| 材料 | 类型 | 熔体温度/℃ | | 模具温度/℃ | 干燥 | | | | 保压/MPa | 最大圆周速度/（m/s） |
		公称	范围		温度/℃	时间/h	最大湿度/%	露点/℃		
聚甲醛	POM Homo	215	210～220	90～120	通常不需要干燥！				60～80	0.3
聚甲醛	POM Copo	205	200～220	60～120	通常不需要干燥！				60～80	0.4
聚酰胺6	PA6	270	260～280	50～90	80	2～4	0.2	−18	55～60	0.8
聚酰胺66	PA66	290	280～300	50～90	80	2～4	0.2	−18	55～60	0.8
聚酯	PBT	250	240～260	30～130	120	2～4	0.04	−29	50～55	0.4
聚酯	PET+GF	285	280～300	80～120	120	4	0.02	−40	50～55	0.2

无定形工程塑料

材料	类型	熔体温度/℃		模具温度/℃	干燥				保压/MPa	最大圆周速度/(m/s)
		公称	范围		温度/℃	时间/h	最大湿度/%	露点/℃		
聚碳酸酯	PC	290	280～330	80～120	120	2～4	0.02	−29	60～80	0.4
聚碳酸酯	PC/ABS	250	230～280	70～100	110	2～4	0.02	−29	40～45	0.3
聚碳酸酯	PC/PBT	260	255～270	40～80	120	2～4	0.02	−29	60～80	0.4
聚碳酸酯	PC/ASA	250	240～380	40～80	110	4	0.1	−18	40～45	0.3
改性PP	PBT	290	280～310	80～120	110	3～4	0.01	−29	35～70	0.3

半结晶先进热塑性塑料

材料	类型	熔体温度/℃		模具温度/℃	干燥				保压/MPa	最大圆周速度/(m/s)
		公称	范围		温度/℃	时间/h	最大湿度/%	露点/℃		
氟塑料	FEP/PFA	350	300～380	150	通常不需要干燥！①				低②	—③
芳香族聚酰胺	PA6T/66	325	320～330	85～105	100	6～8	0.1	−18	35～140	0.2
	PA6T/XT	325	320～330	140～160	100	6～8	0.1	−18	35～140	0.2
LCP		355	350～360	60～120	150	3	0.01	−29	20～60	最大
PPS		330	300～345	70～80	150	3～6	0.04	−29	45～50	0.2
PEEK		370	360～390	160～200	160	2～3	0.1	−18	50～65	0.2

无定形先进热塑性塑料

材料	类型	熔体温度/℃		模具温度/℃	干燥				保压/MPa	最大圆周速度/(m/s)
		公称	范围		温度/℃	时间/h	最大湿度/%	露点/℃		
聚醚酰亚胺	PEI	380	370～400	140～180	150	4～6	0.02	−29	70～75	0.5
聚砜	PSU	340	330～360	120～160	150	4	0.02	−29	50～70	0.4
PPSU		370	350～390	140～180	150	4	0.02	−29	50～70	0.4
PES		360	340～390	140～180	140	4	0.02	−29	60～80	0.2

① 如果颗粒暴露在潮湿或冷凝环境中，应在150℃下干燥3～4h。

② 保压应尽可能低。

③ 必须用不锈钢特殊螺杆。

注：如果颗粒暴露在潮湿或冷凝环境中，应在100℃下干燥约2h。

图506　未改性标准等级的普通热塑性塑料的典型加工数据。

第 **27** 章 问题解决和质量管理

更高的质量要求

加工技术和热塑性塑料的加速发展为塑料制品带来了许多的新用途，如金属替代品、电子和医疗技术方面的应用。与此同时，对于塑料部件的性能、外观和其他特性的要求也有所提高。与产品要求和规格有丝毫的偏差都必须立即解决，因此许多成型商的目标是在机器的高利用率下保持自己的不合格品率低于0.5%，以实现无差错产品（零容忍）。我们不能再接受像以前那种"歇斯底里"的故障排除方法，即一旦出现不可接受的偏离规格的情况，就立即对加工参数（有时同时有几个）进行更改，而没有对问题进行任何详细的分析。为了应对日益激烈的竞争，我们必须同时兼顾统计问题解决方法和过程控制。在本章中，我们将介绍以下几项。

- ATS：分析故障排除（analytical trouble shooting）；
- DOE：实验设计（design of experiments）；
- FMEA：失效模式影响分析（failure mode effect analysis）。

在下一章中，我们将介绍热塑性塑料注塑过程中可能发生的大量错误以及如何解决这些错误。

分析故障排除——ATS

"问题"这个词通常用于不同的含义，如生产问题、决策和要实施的计划。当涉及与他人的沟通时，这种多样性可能会造成很多混淆。

在"分析故障排除"（ATS）领域内，系统地、有组织地处理问题，需要对"问题"一词作出非常具体的定义，从而使有关各方之间的沟通和理解得到统一。

问题的定义

一个问题总是由一个**原因**和一个讨厌的**偏差**组成。

下面是一个例子。

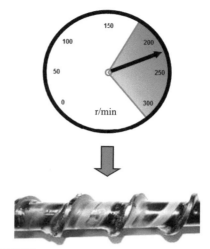

图507　上图我们可以看到，安全带锁的红色按钮上有黑色的斑点，这是不可接受的偏差。这种通常被定义为表面缺陷。

图508　产生这些黑色斑点的原因通常是注塑机使用了过高的螺杆速度。这导致了螺杆表面上的螺杆沉积，然后热降解并导致按钮表面出现斑点。

偏差定义

偏差被定义为由于**设定值**和**实际值**之间的差异而导致的"故障"或"问题"。问题的定义涉及**设定值**的概念，而不需知道为什么**实际值**与**设定值**不同。

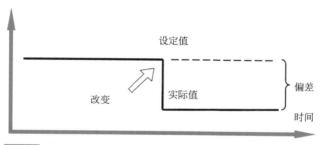

图509　偏差的定义。

如果突然出现"紧急的"问题，大多数时候面对这种情况我们可能无法拥有正确的注意力或洞察力。这就意味着问题最终可能会变得难以解决并且要花费不必要的费用。

为了快速识别和分析问题，需要对预期目标（设定值）有一个清晰的定义，并对实际发生或正在产生的问题（实际值）进行同样明确的定义。设定值和实际值可用于各种领域，如人员、设备、材料、工艺、产品和市场。

为了验证预期目标是否得到满足，清楚和明确定义设定值和实际值是至关重要的。

以下为实际值的常见缺点.

过于笼统：目标（也称为规范值）仅适用于整个活动，而不是用于确定最终总体结果的详细的各个环节部分。因此，所观察到的偏差只具有一般性。

惯例/假设：设定值是根据假设或惯例确定的，只有在发生重大变化时才会重新考虑。

更改规范：由于业务环境的变化，原来可接受的要求或结果可能会发生变化。对环境或气候变化、能源使用、产品责任或性别的改变可能会产生强制性的新设定值。

设定值必须是可衡量的、可现实的，并且被那些必须遵守它的人所接受，才能得以完美实现。这些信息也必须提供给所有参与的人。实际值必须包含相同的特定信息，并且应该以与设定值相同的方式进行测量。同样重要的是，要经常测量实际值并记录下来。

如果与预期值有偏差，或正或负，则可以通过描述范围、时间和趋势，在与其他必须要解决的问题相比较后确定如何优先处理这个问题。

定义一个问题

出现问题时，首先要对其范围进行总体评估很重要。这个初步调查应该使所有相关方都可以就问题发生的**地点**和**方式**达成一致。应该商量并建立一个关于这个问题的定义。

问题出现在**哪里**？
- 只有一台机器或部件显示有问题？
- 几个类似的机器或部件都显示有问题？
- 几个不同的机器或不同的部件显示有这个问题？
- 几个类似的机器或类似的部件都显示了这个问题，但程度不同或频率不同？
- 几个不同的机器或部件都显示有问题，但具有不同的范围或频率？

问题是**如何**发生的？
- 机器或零件是新的或者说是最近投入生产的？
- 机器或部件是旧的或者说之前已经投入生产的？
- 机器或部件没有达到目标或期望的性能？
- 问题突然出现，然后持续到相同的程度？
- 问题"反反复复"，但总是达到同样的程度？
- 问题在不同程度上是"反反复复"？
- 问题或错误在范围或频率上增加，从而产生增长趋势？

问题分类

问题的范围可以从很小，而且相对微不足道到非常广泛，对生活有重大影响。以下将问题分为不同类别：
- 小问题；
- 经常性问题；
- 启动问题；
- 复杂问题；
- 潜在问题。

① 小问题：
- 只涉及微不足道的价值；
- 解决这些问题的压力并不大；
- 最近发现了这些问题；
- 没有太大的困难就可以获得信息。

例如用来封装装满模制部件的纸板箱的胶带用完了，并且由于缺少胶带而不能密封箱子，这就是一个小问题。

② 经常性问题：

● 偏差随机而来；

● 还没有采取任何行动这些问题就突然消失，但后来再次发生；

● 解决它们的成本可能非常高，耗费时间，而且难以解决；

● 当试图解决这些问题时，DOE和FMEA往往具有很大的价值。

例如在一个注射成型工艺过程中，报废率从5%增加到20%。3h后，恢复正常。这个问题每周发生一次。这就是一个经常性问题。

③ 启动问题：

● 初次启动时达到规定设定值的问题；

● 这种问题通常可以通过使用模具填充模拟软件来防止。

例如当启动一个全新的模具，收缩率过高，以至于使零件不符合公差范围。

④ 复杂问题：

● 问题是由多种因素相互作用引起的；

● 这个问题的个别原因可能每个都是小问题，但是当它们加在一起时，问题就会被放大并产生更大的问题；

● 有时候很难理解复杂问题的个别原因，它们是如何相互作用的；

● 当试图解决这些问题时，DOE和FMEA往往具有很大的价值。

⑤ 潜在问题：

● 小问题不需要立即关注，但如果不加以关注，最终可能会变成更大的问题。

图510显示了这样一个问题的例子。

图510　上图显示了在喷嘴和模具之间泄漏的材料。由于机器的这一部分隐藏在盖子后面，所以没有立即发现问题。一个小问题因此变成了一个更大的问题，这个问题将导致几个小时的停产并且很难处理。

问题分析

当用分析法对问题进行分析时，其目的是找出导致偏差的原因，并防止问题在将来发生。为了实现这些目标，可以根据图511采取步骤。

过程	步骤	辅助工具
发现	识别问题 问题分类	设定值/实际值分析 影响/时间/趋势
调查	定义问题 指定是/否为	分析原因：什么（WHAT），哪里（WHERE），什么时候（WHEN），怎样（HOW） 评估范围
发现并证明	特点/变化 可能的原因 验证原因	搜索更多信息 根据规范进行测试 通过实际测试证明
采取行动	短/长期消除 长期评价 行动的后果	对影响的评估： 目前的偏差 长远的偏差

图511　发现和调查问题的基本步骤。

首先我们必须发现并分类问题。已经定义和命名的问题很有可能很快解决，因为可以在互联网上搜索。

一旦问题确定后，通常会得到以下问题的答案：发生了什么样的偏差（WHAT）？然后我们可以开始调查问题的性质。

在调查问题时，一个明显的问题是：问题发生在哪里（WHERE）？

为了能够优先考虑问题，了解偏差何时（WHEN）发生是非常重要的。你必须明白它有多全面，如果没有立即处理，它又会有什么样的影响。图512是问题分析的图形展示。

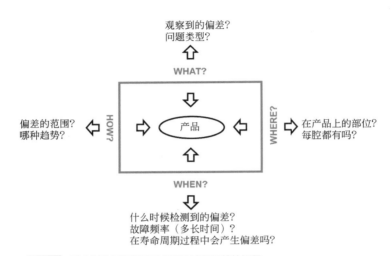

图512   以上是为了了解问题的性质而需要回答的问题。

一旦我们认为自己已经理解了问题的本质，就可以开始找出原因，以便能够采取对策。如果我们不知道原因，多数情况下可以借助Internet上的故障排除指南找到有关问题的信息。图513显示了如果在聚丙烯（PP）制成的零件上有黑色斑点，将要采取的补救措施。此信息可在欧洲经销商Distrupol的网站www.distrupol.com上免费获得。

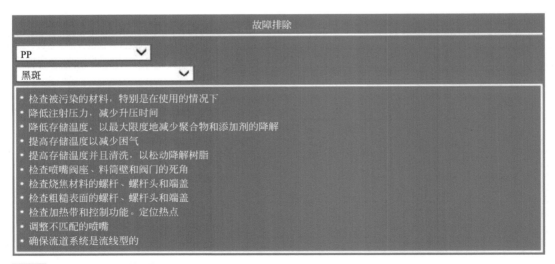

图513   Distrupol的故障排除指南。

头脑风暴会议

　　每个问题都至少有一个原因。困难往往在于找到问题的原因。通过利用同事的集体经验，我们会发现解决问题所需的时间大大减少了。解决问题可以通过多种方式实现。头脑风暴会议就是找出问题的一些可能原因的其中一种方法。

　　这些原因可以通过解决问题的特征加以强调和评估。同时，评估我们假设的可能性，以解释假设的事件序列。

图514　头脑风暴会议：一个尊重工作的团队。

　　关于头脑风暴会议的有效性，在互联网或文献中可以找到很多信息。通常这些信息涉及以下四条规则。

- 专注于想法的数量：想法越多，找到问题解决方案的机会就越大。
- 在问题解决之前，不要批评任何一种想法。
- 应该鼓励不同寻常的想法：出发点是所有的想法都是好主意。一开始看起来不太好的想法实际上可能会发展成一个绝妙的主意。
- 结合和发展思路：所有参与者都应该参与开发和改进彼此的想法。很多时候你会得到 $1 + 1 = 3$ "规则"。

原因验证

　　当我们认为我们找到了问题的最可能的原因时，应该通过反复试验来验证。如果我们怀疑某个过程参数导致的该问题，则应该先增大该值，然后再减小该值以验证问题是否遵循相同的模式。如果我们怀疑几个过程参数相互作用，我们应该先测试它们，然后创建一系列实验来同时测试它们。在下一节统计实验设计——DOE中可以学习更多关于这方面的信息。

行动规划

　　一旦确定了原因并通过实际测试进行了验证，就可以启动流程以消除这些问题。我们必须立即确定什么时候应该采取行动，可能需要先确定以下问题。

- 加工是否应该立即叫停？或者可以先搁置最终的纠正措施，手动清理不可接受的部分，直到正在进行的加工完成交付数量后再进行纠错？
- 我们应该直接采用最终的解决方案还是先用临时解决方案解决？
- 如果产品只是稍微超出了要求范围，是否能通过质量管控？
- 是否也应该对生产中的其他机器采取同样的行动？
- 该行动是否会产生其他问题？
- 我们能100%确定该计划行动已经足够了吗？

实验设计——DOE

　　如果我们在理解和验证某个问题的原因方面遇到困难，那么一个名叫"实验设计"或

"DOE"的实验方法可能就是一个很好的帮助来源。

本节的目的不是提供对该方法的完整描述，而是只告知它相对于随机测试的优势。有关此方法的更多信息，我们可以在互联网或特定文献中找到很多信息。

当我们使用实验设计方法时，我们通常会得到的好处是：

- 可以节省时间和金钱，故障排除将变得更容易和更快；
- 可以找到一个稳健的工艺设置，在工艺过程中可能发生的变化仍然会使产品处于公差范围的规格范围内；
- 减少某些特殊材料（如玻璃纤维增强材料）加工过程中对机械和模具的磨损。

如果你想问这个方法是否很复杂，需要大量的统计数据，答案是可以想象成驾驶汽车。驾驶汽车时我们并不需要深入了解汽车发动机是如何工作的。关于DOE，我们既可以设置简单的实验，比如图516中的那些实验，也可以使用高度复杂的计算机程序，只有有限数量的测试，仍然能够找到不同工艺参数之间的关系。

析因实验

现在我们将通过使用析因实验来描述一个解决问题的例子。一家注塑企业用玻璃纤维增强PA66生产折尺。在生产六周后进行成本评估时，得出的结论是，利润率简直就是一个灾难，报废率为30%。每个标尺都必须进行测量，因为公差范围不允许大于1m±2mm的偏差。许多尺子不是太短就是太长。

企业还发现，注塑机螺杆的磨损非常大。在不了解这两个问题原因的情况下，决定先尽快找到一

图515 用玻璃纤维增强PA66生产的折尺。

种稳定的注射成型工艺，使报废率低于1%。同时减少螺杆的磨损也是一个问题。但是降低报废水平的优先级高于减少磨损。

在试图找出尺子长度变化的原因时，提出了以下问题：

- 玻璃纤维含量等塑料原材料的变化是否会影响收缩率，这可能会对标尺长度产生显著影响吗？
- 哪些工艺参数会对收缩产生影响，以及这些参数是如何变化的？
- 是否还有其他的外部原因，例如空气中的湿度会影响收缩吗？

当涉及螺钉磨损时，问到了同样的问题，其次是其他明显的问题：

- 是否任何工艺参数都会导致这两个问题？
- 这些参数会相互作用，从而放大问题吗？

进行分析时，得出了以下6个注塑参数：

- 该材料的玻璃纤维含量可以从23%增加到27%；
- 注塑机料筒中材料的熔化温度；
- 下一次备料时的螺杆转速和背压；
- 将材料填充到模腔中时的保压；
- 保压时间；
- 模具温度。

为了测试注塑机中的不同参数，需要建立一个实验矩阵。由于试验次数有限，因此选择三个参数进行低和高设置测试。为了完成一个系列的试验，需要进行的单个试验数的数学公式是 $T=I^V$，其中 T 是试验次数；I 是每个变量的设置次数；V 是变量的数量，即工艺参数。

如果我们想要测试两个参数的两个设置值（低和高），则需要 $2^2=4$ 个测试，这很容易实现。三个参数的两个设置值（低和高）需要 $2^3=8$ 个测试，这在一天内测试出也是现实的。

如果需要测试四个参数的三个设置值（低，中和高），则需要 $3^4=81$ 个测试，一般来说这是不现实的。在这种情况下，我们需要使用一种特殊的计算机程序，可以减少测试次数，但仍然可以在问题发生时找到哪些参数相互作用。为了获得最准确的结果，系列测试应该不间断地按随机顺序运行。对于图515中的折尺，实施了以下矩阵，其中考虑了可能影响问题的各个参数的概率，见图516。

参数	对长度的错误影响			对磨损的严重度影响		
	非常大	大	小	非常大	大	小
玻璃纤维含量		×		×		
熔融温度		×			×	
螺杆转速				×		
保压	×					×
保压时间	×					×
模具温度	×					×

图516　两种不同类型错误中三种概率水平判断的六种可能原因矩阵。

为了将测试次数减少到8次，决定选择玻璃纤维含量、螺杆速度和保压时间作为参数，并为每一个参数设定一个最小值和一个最大值。测试按照图517进行。

试模号	玻璃纤维含量/%	螺杆转速/（r/min）	保压时间/s	报废率
1	23	200	3	
2	27	200	3	
3	23	250	3	
4	27	250	3	
5	23	200	5	
6	27	200	5	
7	23	250	5	
8	27	250	5	

图517　图为8个测试的矩阵。选择的参数如下：玻璃纤维含量：23%和27%（供应商的交货容限）。
螺杆转速：200r/min和250r/min。保压时间：3s和5s。在六周的生产系列中使用螺杆转速为250r/min，保压时间为3s。保压时间为5s会使折尺的重量达到最大。

图518为系列实验的结果。但是1%的报废率目标还没有完全达到。因此决定将螺杆转速设定为200r/min，保持5s的保压时间，玻璃纤维含量为25%。这是在一系列新的实验中进行的，可以看到其他三个参数对长度的影响：熔融温度、保压时间和模具温度。

试模号	玻璃纤维含量/%	螺杆转速/（r/min）	保压时间/s	报废率
1	23	200	3	5%
2	27	200	3	14%
3	23	250	3	9%
4	27	250	3	31%
5	23	200	5	2%
6	27	200	5	3%
7	23	250	5	26%
8	27	250	5	33%

图518　实验的结果。在24h后测量折尺的长度以获得模具收缩的全部效果。由于PA66吸收水分并会轻微膨胀，据估计，膨胀将会由于半晶态热塑性塑料注射成型的后收缩过程而得到补偿。螺杆的磨损程度 要到六周后才能确定。

失效模式影响分析——FMEA

正如前一节关于DOE的内容一样，这里不给出对该方法的完整解释，只对该方法简要介绍。

这种方法是为了降低美国航空航天业在20世纪50年代的风险而开发的，并且其他部门也对其越来越感兴趣。今天，我们估计很多行业内的公司都在日常工作中使用FMEA。因此，注塑企业也开始对此方法有所了解，因为他们可能会与使用该方法的客户合作。

通过FMEA，我们将评估以下标准：

① 在设计或制造过程中可能会发生什么错误；

② 这些错误的原因；

③ 这些错误可以产生什么影响。

当该方法被充分使用时，会便于日常工作的开展，因为：

● 决策的质量会提高；

● 沟通会得到改善；

● 通过减少推出新产品的时间可节省时间和金钱；

● 通常可以避免过程中的后期变化，从而降低成本；

● 我们可以获得一个工具来帮助识别和衡量改进（系统测试）；

● 我们会得到一个工具，确保符合规格并避免早期错误；

● 如果需要，FMEA可以促进统计过程控制（SPC）的实施；

● 我们通常可以获得更高的生产力，从而获得更好的收益。

对于注塑企业来说，FMEA在解决问题和工艺优化方面可以成为一款出色的工具。在模塑企业中应该参与FMEA项目的人员如下。

- 设计师将在FMEA项目中占有一席之地，因为他们通常是设定要求的人；
- 知道如何处理材料的工艺工程师或机床调整技师；
- 必须调整有关浇口、冷却系统、排气和顶出等问题的模具钳工；
- 负责确保质量控制经常进行并以正确的方式执行的质量工程师。

在开发新产品时，FMEA过程分为不同的阶段见图519：

- 功能FMEA，规定初步要求和一般要求；
- 设计FMEA，定义各种组件的规范；
- 过程FMEA，指定和优化制造商的过程。

功能FMEA	设计FMEA	过程FMEA
在第一个规范完成时执行。 是对总体要求及其后果的第一次粗略分析。 对选择概念或系统解决方案的决策很有好处	当选择概念或系统时，在设计阶段将进行多次分析。 对构件和材料的失效模式和失效影响进行分析和处理	分析将在生产过程中进行，以确定任何故障可能性。 将用于现有流程或修改新流程。 这个过程分为几个子步骤，每一步都会被检查

图519 FMEA的不同阶段。

FMEA的一般概念

以下是如何使用FMEA工作的示例。

① 爆胎 = 故障模式　　　② 钉子 = 故障原因

③ 汽车不能使用 = 故障影响

图520 上图中的数字描述了FMEA的一些常见概念。

① 故障模式：汽车轮胎爆胎；

② 故障原因：轮胎上有钉子；

③ 故障影响：汽车不能使用。

通常在FMEA分析中使用表格以创建失败的风险评估。图521所示就是这样的一个表格。前8列代表定义为定量分析的表格部分，而后面的4列代表风险评估，并定义为定性分析。

注：原文有误，应为前5列为定性，6~9列为定量。

在表的定量部分的第一列中，输入"**概率（p）**"的级别。这应该提供关于错误概率的信息，并根据以下标准进行评估：

- 非常不可能发生错误　　　　　　　评估值：1
- 发生错误的风险很小　　　　　　　评估值：2~3

- 发生错误的风险中等 评估值：4~6
- 发生错误的风险很高 评估值：7~8
- 发生错误的风险非常高 评估值：9~10

下一栏是"**严重程度（S）**"，它表示故障的严重程度，根据以下标准进行评估：

- 没有明显的影响 评估值：1
- 可忽略的影响。用户可能会感到恼火 评估值：2~3
- 重大影响，即噪声或功能损害 评估值：4~6
- 相当大的不便以至于需要维修 评估值：7~8
- 很严重。有受伤或违法的风险 评估值：9~10

最后，"**可检测性（D）**"一列显示了这些错误被发现的难易程度：

- 始终会被注意到的错误 概率：>99.9% 评估值：1
- 质量控制过程中经常检测到的错误 概率：>99% 评估值：2~3
- 被检测到的概率低 概率：90%~99% 评估值：4~6
- 被检测到的概率非常低 概率：50%~90% 评估值：7~8
- 不太可能会被发现的错误 概率：<50% 评估值：9~10

"**风险级别**"是通过乘以$P \times S \times D$获得的，用于设置需要采取的"**行动措施**"的优先级。在汽车的例子中，轮胎需要修理。图521列出了该车的"**故障模式影响分析**"。

项目	阶段	故障模式	故障影响	故障原因	概率（P）	严重程度（S）	可检测性（D）	风险级别	行动措施
汽车	消费者	爆胎	汽车无法驾驶	钉子	5	8	40	1	修理

图521 故障模式影响分析（FMEA）的表格。

第 **28** 章　注塑缺陷——原因和影响因素

成型问题

在前面的章节中，我们讨论了由不良材料引起的缺陷。在本章中，我们将讨论与加工工艺相关的问题。这些通常可以分为以下主要几类：

① 填充率，表示未填充或填充部分；

② 表面缺陷；

③ 强度问题；

④ 尺寸问题；

⑤ 生产问题。

一般来说，加工问题主要就是这几个大类。

为了识别和分类问题，然后找出可能导致的原因，我们应该思考以下问题：

① 它是个什么样的问题？

② 改变了什么？

③ 什么时候发生的？

④ 单个错误/多个错误发生在哪里：

● 单个产品/多个零件产品（同一位置还是随机位置）？

● 发生在生产周期中吗？

⑤ 这种情况多久发生一次？

⑥ 有多严重？

现在我们将描述在注塑过程中可能发生的各种常见和不常见的错误问题。我们还尝试着根据领先塑料供应商发布的大量故障排除指南，按照逻辑顺序列出了最可能产生的原因。

注意：在进行故障排除时，材料供应商对相关材料的工艺建议可用于调整任何不正确的设置。

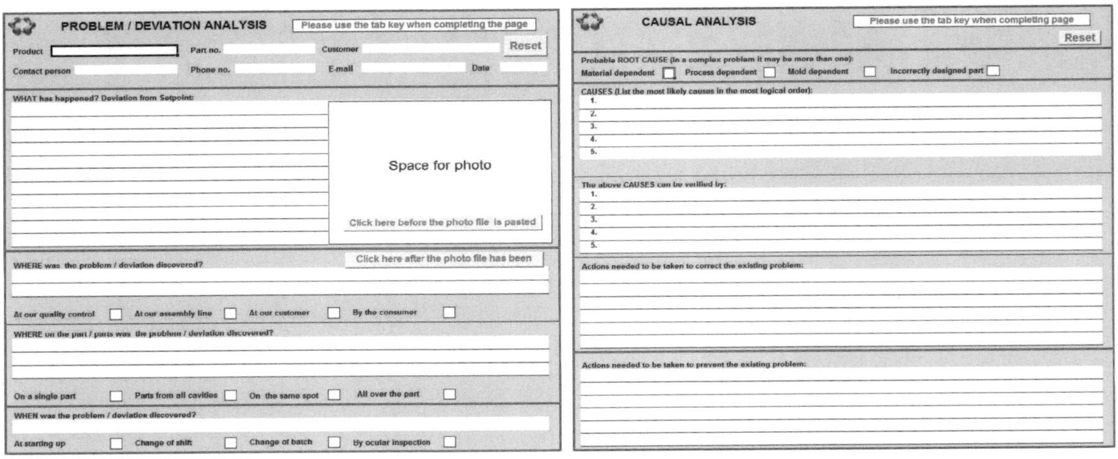

图522 Excel格式的问题分析表可在www.brucon.se上找到。

填充率

缺料-产品未被完全填充

可能的原因（按最可能的顺序列出）：

① 剂量不足；没有缓冲。

② 保压过低或开关点错误。

③ 注射速度过低。

④ 注射时间过长或开关点错误。

⑤ 回流阀故障。

⑥ 排气不足（气阱）。

⑦ 熔体流动不足（熔体黏度太高）。

建议的补救措施（根据上述原因）：

① 增加剂量。检查物料输送。

② 增加开关点或保压（将注射压力设置为最大）。

③ 提高注射速度，使模具充填更快。

④ 增加填充时间并调整开关点。

⑤ 更换有故障的回流阀。

⑥ 改善排气：

● 减少锁模力；

● 钳工措施——增加排气槽。

⑦ 增加熔体流动（降低熔体黏度）。

● 如果可以，增加熔体温度（首先用高温计检查熔体温度）；

● 提高模具温度；

● 如果可以的话，换成易流动的树脂。

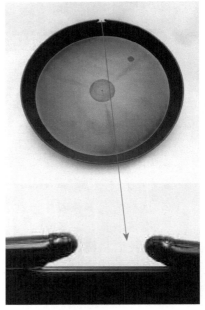

图523 缺料的产品。

飞边

可能的原因（按最可能的顺序列出）：

① 锁模力不足：

● 锁模压力过低；

● 注塑机上的锁模力不足。

② 注射压力过高或保压过高。

③ 注射速度过快。

④ 熔体流动速率太快（熔体黏度太低）。

⑤ 模具问题或设计错误：

● 模板太薄或者定模侧的中心定位圈孔太大；

● 分型线处有损坏；

● 排气槽损坏或磨损。

建议的补救措施（根据上述原因）：

① 增加锁模压力或机器尺寸。

② 降低注射压力或保压。

③ 降低注射速度。

④ 降低熔体或模具温度（用高温计检查温度）。

⑤ 需要钳工修整（参见第16章）。

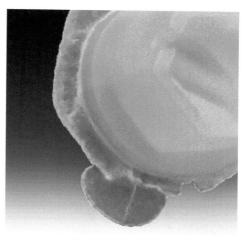

图524　产品上的飞边。

缩水痕

可能的原因（按最可能的顺序列出）：

① 料量不足或回流阀泄漏（螺杆碰到底部）。

② 注射压力或保压不足。

③ 保压时间过短。

④ 注射速度过快或过慢。

⑤ 熔融温度过高。

⑥ 模具问题或设计错误：

● 浇口位置不正确；

● 浇口或流道太小；

● 壁厚太厚；

● 加强筋设计不正确。

建议的补救措施（根据上述原因）：

① 确保有足够的材料或检查回流阀的功能。

② 增加保压开关点或保压（按压力分布？）。

③ 延长保压时间。

④ 调整注射速度。

⑤ 降低熔体温度（用高温计首先检查熔体温度）。

⑥ 更换回流阀。

图525　产品上有缩水痕。

⑦ 需要钳工修整（参见第16章）。

空隙或微孔

可能的原因（最可能的顺序）：

① 保压过低或注射压力与保压之间的差异。

② 保压时间过短。

③ 保压开关错误。

④ 注射速度过快。

⑤ 熔融温度过高。

⑥ 回流阀泄漏。

⑦ 背压太低。

⑧ 模具问题或设计错误：

● 浇口位置不正确；

● 浇口或流道太小；

● 壁厚太厚。

建议的补救措施（根据上述原因）：

① 增加保压。

② 延长保压时间。

③ 调整保压开关。

④ 降低注射速度。

⑤ 降低熔体温度（用高温计首先检查熔体温度）。

⑥ 更换回流阀。

⑦ 增加背压。

⑧ 需要钳工修整（参见第16章）。

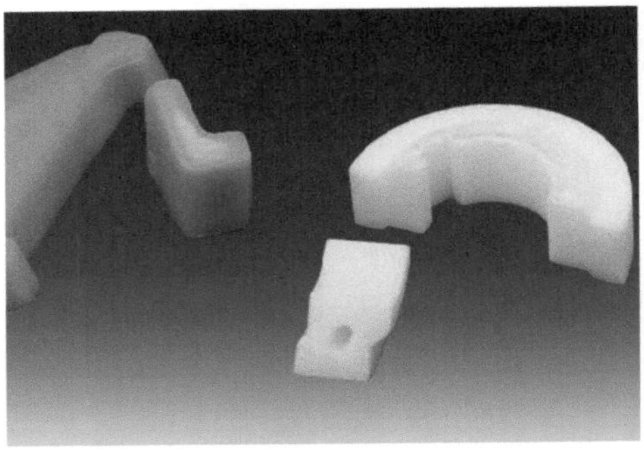

图526 锯开产品时，有时就会发现聚甲醛产品（右侧）中有空隙或玻璃纤维增强聚酰胺产品（左侧）中有微孔。

另请参阅：图546上的产品内部的气泡或空隙。

表面缺陷

烧伤痕迹

变色、黑斑或降解

可能的原因（按最可能的顺序列出）：

① 料筒或喷嘴中的塑料热降解。

② 模具热流道中的塑料热降解。

建议的补救措施（根据上述原因）：

① 用高温计检查熔体。如果熔体变色：

● 如果可以，降低熔融温度。

- 检查是否由于其中一个加热带中温度传感器安装不正确或故障导致过热（使用它们之间的高温计）。
- 降低摩擦热量——降低螺杆转速和/或背压。
- 检查料筒中树脂的滞留时间。如果太长，请更换为较小的料筒或机器。同时检查是否备料时间延迟。
- 如果使用关闭喷嘴，则更换为开放喷嘴。
- 如果有任何螺杆沉积，请检查并清洁螺杆。

② 需要钳工修整（参见第16章）。

如果使用热流道模具且熔体不变色：

- 检查分流道板和喷嘴的温度；
- 如果可以的话降低温度；
- 检查是否有任何滞留点。

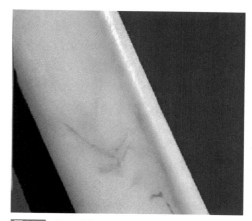

图527　聚甲醛产品上的黑色条纹。

黑色斑点

可能的原因（按最可能的顺序列出）：

① 在原料颗粒中或再生材料中混有杂料。

② 料筒、喷嘴或回流阀中的塑料热降解。

③ 热流道中的塑料热降解。

④ 塑化单元清洗不正确（材料更换后的螺杆和料筒）。

建议的补救措施（根据上述原因）：

① 用肉眼检查原料或再生料颗粒。

② 用高温计检查熔体温度，如果熔体含有黑色斑点：

- 如果可以，降低熔融温度。

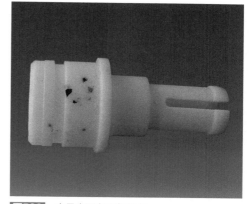

图528　产品表面有黑色斑点。

- 检查料筒壁、料筒与喷嘴之间、螺杆、回流阀和螺杆尖端是否有任何滞留点。
- 检查料筒中树脂的滞留时间。如果太长，请更换为较小的料筒或机器。同时检查是否备料时间有延迟。
- 如果使用关闭喷嘴，则更换为开放喷嘴。

③ 需要钳工修整（参见第16章）。

如果熔体不变色，检查热流道系统中是否有任何滞留点。

④ 用钢丝刷清洁螺杆。

喷射纹或银丝（表面上部分区域）

可能的原因（按最可能的顺序列出）：

① 填充过程中在表面上附着的气泡：

- 由于热降解；
- 由于材料中的水分；
- 由于喷嘴、流道或浇口的高剪切力。

② 树脂中不适当的母料造成的污染。

建议的补救措施（根据上述原因）：

① 用高温计检查熔体温度。

如果熔体正在"被热炼"：

图529　从浇口处发出的银丝是剪切过高的迹象。

- 如果可以，降低熔体温度并降低螺杆转速和背压；
- 检查料筒壁、料筒和喷嘴之间、螺杆、回流阀或螺杆尖端是否有任何滞留点；
- 检查料筒中树脂的滞留时间，如果太长，请更换为较小的料筒或更换较小的机器，同时检查是否备料时间延迟；
- 如果使用关闭喷嘴，则更换为开放喷嘴。

如果熔体没有被"热炼"：检查是否有任何滞留点（另见第16章）。

② 降低剪切力：

- 降低注射速度；
- 需要钳工修整（参见第16章）流道或浇口上做圆角。

③ 目视检查原料颗粒或再生料，或更换母料。

烧焦——夹带空气

可能的原因（按最可能的顺序列出）：

由于模腔中的压缩空气而导致的降解（排气不足）。

建议的补救措施（根据上述原因）：

消除降解：

- 降低注射速度；
- 降低锁模压力；
- 需要钳工修整（参见第16章），改善排气。

图530　当夹带的空气被压缩和加热时发生烧焦。
来源：DuPont

喷射纹或银丝（遍布表面）

可能的原因（按最可能的顺序列出）：

① 由于材料中的水分（在整个表面和所有腔体的产品上都可见），在填充过程中附着在表面上的气泡或蒸汽泡沫。

② 由于热降解或剪切过高而在填充过程中附着在表面上的气泡或蒸汽泡。

建议的补救措施（根据上述原因）：

用高温计检查熔体温度。

① 如果熔体正在"被热炼"：

图531　聚酰胺产品表面布满了喷溅痕。

- 在除湿干燥器（烘料箱）中干燥物料（如果表面上有冷凝物，则非吸湿材料也需要干燥）；
- 检查是否使用了正确的干燥温度和时间；
- 检查建议的最大含水量是否达到；
- 检查干燥后的物料是否与周围空气接触（在烘料箱和注塑机之间使用封闭的运输系统）。

② 如果熔体没有被"热炼"：检查是否有任何滞留点。

色条

色条——颜色分散较差

可能的原因（按最可能的顺序列出）：

① 聚合物中颜料没有混合均匀。

② 填充过程中颜料的取向不均匀。

③ 由于热降解而导致的颜色变化。

建议的补救措施（根据上述原因）：

① 用高温计检查熔体温度。如果熔体温度正常：

- 增加背压；
- 降低螺杆转速；
- 更换为带搅拌头的螺杆。

② 如果使用色母粒：

- 参见上面的①；
- 更换为颜料粒度较小或不同载体的母料。

③ 见上文"变色、黑斑或降解"一节。

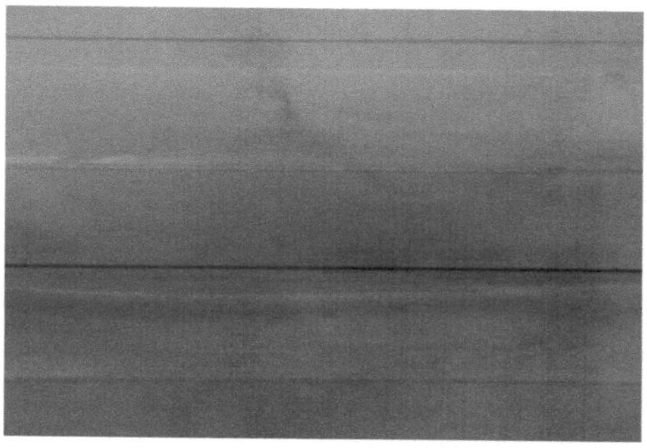

图532 由于颜料混合不充分而在浅色部分出现蓝色条纹。

色条——不利的颜料取向

可能的原因（按最可能的顺序列出）：

①在熔接线上会比较突出的金属颜料。

②填充模腔期间颜料的取向不均匀。

建议的补救措施（根据上述原因）：

①改变填充顺序：

- 提高/降低注射速度；
- 改变熔接线的位置（参见上文"熔接线"一节）；
- 改用非金属颜料；
- 如果表面要求高，喷涂是更好的选择。

②如果使用色母粒：

- 更改填充顺序（请参阅上文）；

图533 在银色产品上的黑色熔接线几乎不可能摆脱。

● 更换为颜料粒度较小或不同载体的母料。

表面光泽

表面光泽——哑光/光泽表面的变化

可能的原因（按最可能的顺序列出）：

① 由于压力变化，型腔壁面在产品表面上印的压花不同。

② 模腔内的壁温变化。

建议的补救措施（根据上述原因）：

① 改善壁面的压花效果：

● 提高熔体温度；

● 提高模具温度；

● 增加保压或调整保压开关；

● 增加保压时间。

② 降低温度变化：

● 增加、减少或使用注射速度分布；

● 提高模具温度控制（增加冷却水路或使用模温机）。

图534 在图中，我们可以看到产品表面的光泽差异，在其他哑光表面上显示有一个空白三角形。这是由于产品的填充主要由保压完成，即由于保压开关点不正确（太早）。

表面光泽——电晕效应

可能的原因（按最可能的顺序列出）：

① 填充顺序不均匀。

② 浇口太小。

建议的补救措施（根据上述原因）：

① 降低注射速度。

② 需要钳工修整（见第16章），增加浇口的大小。

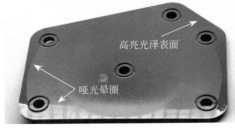

图535 电晕效应指在高亮光泽产品表面上，产品中间有孔，在浇口周围的不光滑的哑光晕圈。

喷溅、空气条纹和水泡

可能的原因（按最可能的顺序列出）：

① 填充过程中，熔融物中夹带的小气泡压在表面上，形成白色或银色条纹。

② 由于壁厚差异，在填充处发生紊流，特别是在加强筋、隆起或凹陷处。

建议的补救措施（根据上述原因）：

① 降低表面空气包埋的风险：

● 提高或降低注射速度；

● 减少减压（抽回）；

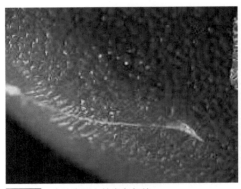

图536 皮纹表面上的白色气纹。

●降低螺杆转速；

●检查回流阀；

●改善排气。

②降低紊流风险：

●圆角（连接处）；

●减少预埋孔或雕刻深度。

玻璃纤维条纹——浮纤

可能的原因（按最可能的顺序列出）：

①熔体中的玻璃纤维在填充过程中朝向表面定向并形成白色或银色条纹。

②熔体固化过快并导致玻璃纤维不能被塑料完全包裹。

③玻璃纤维在流动方向和交叉方向上造成不均匀的收缩。

④流道或浇口有尖角（半径太小），导致高剪切。

⑤浇口相对于模腔的体积太小，导致高剪切。

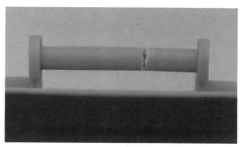

图537　玻璃纤维条纹围绕在浇口周围。

建议的补救措施（根据上述原因）：

①增加熔体流动：

●如果可以，增加熔化温度；

●提高模具温度。

②延长凝固顺序：

●提高注射速度。

③减少模具收缩差异太大：

●增加保持压力；

●增加保压时间。

④增大流道或浇口的半径。

⑤增加流道或浇口的大小。

熔接线（也称为结合线、夹水线）

可能的原因（按最可能的顺序列出）：

①两段熔体前端在它们相遇之前已经冷却。

②熔体前端不能很好地融合。

③空气来不及排出模腔。

④选择的是一种特别敏感的材料。

⑤模具问题或设计错误（浇口位置）。

图538　塑料盒铰链上的熔接线不良。

建议的补救措施（根据上述原因）：

① 通过温度改善融合：

● 提高熔体温度；

● 提高模具温度。

② 通过压力和时间改善融合：

● 增加保压；

● 增加保压时间。

③ 改善排气。

④ 如果可能的话，用未改性的树脂替换冲击改性树脂。

⑤ 需要车间行动（参见第16章）。

喷射痕

可能的原因（按最可能的顺序列出）：

① 浇口位置不正确，即塑料喷射流直接注入一个相对较大的空间而没有撞击在相对的腔壁或芯子等阻挡使其分散开。

② 塑料射流不会熔化并与其余的熔体合并在一起。

建议的补救措施（根据上述原因）：

① 打破塑料喷射流：

● 在喷射流的路径中插入一个芯子；

● 增加浇口的大小；

● 改变浇口的角度；

● 移动浇口，使塑料喷射流撞击相对的腔壁。

② 改善融合：

● 提高熔体温度；

● 提高模具温度；

● 降低注射速度；

● 描述注射速度，慢➡快。

图539　三个喷射流从中间大孔中的浇口流出。

分层

可能的原因（按最可能的顺序列出）：

① 熔体流动的剪切力过高。

② 浇口或产品有尖锐的角落。

③ 母料不合适。

④ 回收料含量过高。

⑤ 以前运行的材料遗留在机器的料筒中。

建议的补救措施（根据上述原因）：

图540　材料分层就是在产品表面形成一层薄薄的皮。

① 通过增加熔体的流动性来降低剪切力：
● 提高熔体温度；
● 提高模具温度。
② 减少尖角处的剪切力：
● 降低注射速度；
● 增加角落的半径。
③ 选择与聚合物载体相同的母料。
④ 减少回收料的含量。
⑤ 更有效地清洁螺杆和料筒。

表皮褶皱（也称橘皮）

可能的原因（按最可能的顺序列出）：
① 熔体过快地固化，并且随后的液体材料流过并形成"波浪"，之后重复该过程。
② 熔体对模壁没有足够的填充。
③ 在动定模上有不同的表面处理，即在一半有皮纹，另一半上抛光。
建议的补救措施（根据上述原因）：
① 减少熔体的冷却：
● 提高模具温度；
● 如果可以的话，增加熔体温度；
● 提高注射速度。
② 增加保压。
③ 在动定模上选择相同的表面处理。

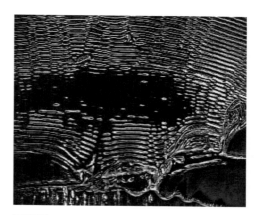

图541 聚甲醛产品表面上的橘皮纹。

冷料

可能的原因（按最可能的顺序列出）：
① 材料在喷嘴中冻结。
② 流道没有冷料袋或冷料袋位置不正确。
③ 在注塑循环的开模或关模阶段，熔体流入定半模。
建议的补救措施（根据上述原因）：
① 增加喷嘴温度。
② 把冷料袋放置在模具中浇道的对面。
③ 降低熔体流涎进模具的风险：
● 增大减压（抽回）；
● 在开模和关模期间，反转注射单元；
● 加快注射速度。

图542 轮毂盖的中心。浇口位于背面。在开模和关模期间，由于注射单元连接模具，熔体材料已经流入模腔。

顶针印

可能的原因（按最可能的顺序列出）：

① 产品在模腔中过紧。

② 顶出时产品冷却（坚硬）不够。

③ 模具问题或设计错误。

建议的补救措施（根据上述原因）：

① 减少成型收缩：

● 减少保压；

● 减少保压时间；

● 增加树脂中的脱模剂（表面润滑）；

● 使用脱模喷剂（最初）。

② 更有效地顶出或冷却产品：

● 提高或降低喷射速度；

● 降低模具温度；

● 增加保压时间或冷却时间。

③ 需要钳工修整（参见第16章）：

● 增大模腔中的拔模角度；

● 更改顶针的尺寸或设计。

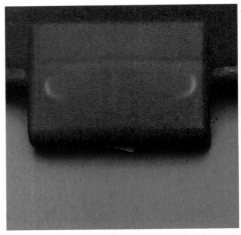

图543 上图可见顶针印记，看起来像白色镰刀状的月牙。我们还可以看到清晰的缩痕。

油渍——棕色或黑色斑点

可能的原因（按最可能的顺序列出）：

① 使用油温控制装置时冷却液泄漏。

② 液压油软管（芯）泄漏。

③ 润滑剂从模具中滴落。

④ 来自机械手抓手的污染。

⑤ 模具腔壁或模板上的细微裂纹。

建议的补救措施（根据上述原因）：

① 检查软管。

② 检查软管接头。

③ 清洗模具。

④ 清洗机器手的抓手。

⑤ 需要钳工修整（参见第16章），修理模具。

图544 上图白色塑料盖上有棕色油脂油渍。

水渍

可能的原因（按最可能的顺序列出）：

① 温度控制软管在模具中泄漏。

② 模具里的垫圈破损导致泄漏。

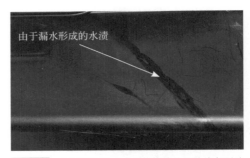

由于漏水形成的水渍

图545 上图产品表面有条斜线，就是熔体在型腔中遇到水后形成的。

③ 模板有开裂。

建议的补救措施（根据上述原因）：

① 检查软管接头和软管。

② 检查模具中的O形圈和垫圈。

③ 需要钳工修整（参见第16章），修理模具。

机械强度差

部件内部的气泡或空隙

可能的原因（按最可能的顺序列出）：

① 由于树脂中的水分而导致产品内部有气体或蒸汽气泡（所有腔体的产品中都有）。

② 熔体中的气泡。

③ 由于产品充填不良造成的孔隙或空隙。

建议的补救措施（根据上述原因）：

① 用高温计检查熔体温度，如果熔体正在"被热炼"：

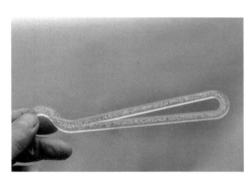

图546　聚碳酸酯的蹄签（用于剔去动物蹄缝中异物的），由于不正确的干燥，内壁有气泡。

● 在烘料箱中干燥树脂（如果表面上有冷凝，则非吸湿性树脂也需要干燥）；

● 检查是否使用了正确的干燥温度和时间；

● 通过使用封闭的运输系统，确保干燥的树脂不会与室内的周围空气接触。

② 按速度和/或长度减少减压（倒吸）。

③ 参见上文"空隙或微孔"一节。

裂纹

可能的原因（按最可能的顺序列出）：

① 产品在模腔中过紧。

② 无定形塑料中的应力开裂。

③ 浇口区负荷过大。

④ 由于半径太小（尖角）造成的裂缝效果。

建议的补救措施（根据上述原因）：

① 降低保压或保压时间。

② 消除应力开裂的风险：

图547　SAN制成的马克杯，从模具中脱模时已经产生了裂纹。

● 避免持续负载；

● 避免接触溶剂；

● 在表面涂上一层保护层，例如硅氧烷。

③ 需要钳工修整（参见第16章）：

● 移动浇口位置；

● 添加或增加角落的半径。

未熔融（也称为点蚀）

可能的原因（按最可能的顺序列出）：

① 熔融温度过低。

② 料筒温度分布不正确。

③ 相对于注射量，料筒容量偏低。

④ 背压过低或螺杆转速过高。

⑤ 回料的颗粒太大。

⑥ 材料被另一种聚合物污染。

建议的补救措施（根据上述原因）：

① 增加熔体温度。

② 选择退回熔化区：

● 选用直线或下降的温度分布；

● 在烘干机中预热材料；

● 增加料斗温度。

③ 增加材料熔化的时间：

● 增加周期时间；

● 更换为更大的料筒或机器。

④ 增加背压。

⑤ 降低螺杆转速。

⑥ 减少回收料的含量或使用更高效的粉料机。

⑦ 目视检查树脂。

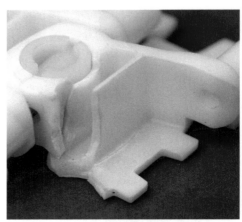

图548 由黑色母料着色的聚甲醛产品。不正确的料筒温度分布导致产品中有未熔化的颗粒。
来源：DuPont

脆断

可能的原因（按最可能的顺序列出）：

① 模塑时树脂含水量过高。

② 料筒中树脂热降解。

③ 产品还没有收缩。

④ 产品的设计不正确（半径太大）。

⑤ 产品由太脆的材料制成。

⑥ 材料暴露于不利的化学物质中。

建议的补救措施（根据上述原因）：

① 如果树脂的含水量超过推荐值：在烘干机中干燥树脂。

② 检查：

● 不要超出树脂在料筒中建议的滞留时间；

图549 一个输送链，由于暴露于强酸下所以即使是在正常的应力条件下仍然失效了。

● 不要在料筒和喷嘴有滞留点。

③ 增加保压和保压时间。

④ 增加浇口和流道的圆角半径。

⑤ 尽可能提高材料的韧性：

● 在成型后将聚酰胺产品放在水中处理；

● 选择材料的耐冲击改性或高黏度等级。

⑥ 避免使用会被化学物质降解的材料。

龟裂

可能的原因（按最可能的顺序列出）：

① 材料超过其屈服伸长率。

② 一些材料（主要是无定形的，如聚苯乙烯、PMMA和聚碳酸酯）对裂纹特别敏感。

建议的补救措施（根据上述原因）：

① 减轻负载：

● 不要超过屈服伸长率；

● 重新设计产品。

② 用不太敏感的半结晶材料如聚丙烯、聚甲醛或聚酰胺代替材料。

图550　金属管压入塑料时发生裂纹的管接头。

关于回收料的问题

可能的原因（按最可能的顺序列出）：

① 回收粉碎的料粒子太大。

② 由于热降解，回料料性已经改变。

③ 回料不够干燥。

④ 回收料中的玻璃纤维长度太短（增强效果，即拉伸强度和硬度已降低）。

建议的补救措施（根据上述原因）：

① 减少颗粒尺寸的变化：

● 使用更高效的粉料机研磨机；

● 过滤掉过大和过小的颗粒。

② 提高熔体质量：

● 已烧伤或变色部件就不要再回收了；

● 请勿回收使用湿树脂生产的零件；

● 回收料的含量降至最高30%。

③ 回料也要经过干燥。

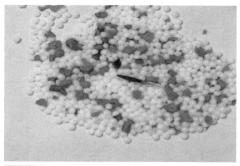

图551　一种天然有色树脂与绿色母料和绿色再生研磨料混合。一些研磨颗粒太大，并且显示出明显的退化迹象（黑色），这就可能会导致强度上的问题。

注意：重新粉碎研磨回收的通常需要比原生树脂推荐的干燥时间长得多。但是，我们不应该在长时间的干燥时间内使用推荐的干燥温度。应该使用比推荐的温度低10～20℃的温度，但仍可确保达到材料的推荐含水量。

④ 增加产品中的玻璃纤维长度：

- 如果可以，减少备料时的螺杆转速；
- 减少原始材料中的回收料的含量。

尺寸问题

不正确的收缩

可能的原因（按最可能的顺序列出）：

① 不正确的处理参数：

- 保压；
- 保压时间；
- 模具温度。

② 产品填充不足：

- 回流阀泄漏（螺杆撞到底部）；
- 浇口或流道太小。

③ 工具制作过程中的收缩计算错误。

④ 用不同的收缩率进行材料更换。

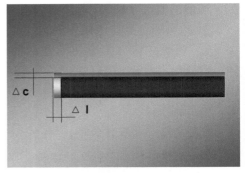

图552 大多数热塑性塑料在流动和交叉方向都有不同的收缩。

建议的补救措施（根据上述原因）：

① 补偿：

- 如果收缩太大/太小，增加/减少保压。
- 如果收缩太大/太小，增加/减少保压时间。
- 如果收缩太大/太小，请降低/增加模具温度时间（注意：考虑后收缩率，当半结晶塑料的模具温度降低时，收缩率会增加）。

② 调整：

- 更换回流阀。
- 需要钳工修整（参见第16章）：
  - 增加浇口或流道的尺寸；
  - 通过调整腔体的尺寸来补偿真正的收缩。

③ 如果可以，用另一个具有正确收缩率的材料替换材料。

不切实际的公差

可能的原因（按最可能的顺序列出）：

① 公差是按常规设定的，并非真正需要。

② 产品的功能需要公差，但由于以下原因不能满足：

- 不切实际的模具制造公差；
- 注塑过程中不切实际的公差，例如收缩；

- 太大的翘曲；
- 塑料原料的公差过大，例如玻璃纤维含量；
- 由于产品的材料吸湿引起的膨胀过大，例如聚酰胺；
- 产品材料的热膨胀系数太大。

建议的补救措施（根据上述原因）：

① 改变图纸。

② 调整：

- 模具中的公差或重新设计产品；
- 见上一节"不正确的收缩"；
- 参见下一节"翘曲"；
- 如果可以，请更换尺寸更稳定的材料，以承受更严格的公差；
- 替换为热膨胀系数较小的材料或重新设计产品。

图553 不同的热塑性塑料有不同的公差要点。

翘曲

可能的原因（按最可能的顺序列出）：

由于以下原因导致内部压力变化。

① 模具温度的变化（例如在动定模之间或动定模与模芯之间）。

② 收缩补偿不足。

③ 塑料原料的各向异性，例如玻璃纤维。

④ 壁厚的变化，例如筋骨。

建议的补救措施（根据上述原因）：

① 平衡模具温度：

图554 一个应该是平整的但翘曲严重的面板。

- 在动定模和/或模芯上测试温度的不同；
- 如果其他都没用，可以使用冷却装置。

② 改善收缩补偿：

- 修复泄漏的回流阀（无缓冲垫）；
- 增加保压；
- 增加保压时间。

③ 用玻璃珠或矿物填充材料替换玻璃纤维增强材料。

④ 需要钳工修整（参见第16章），调整模具。

生产中存在的问题

产品粘定模

可能的原因（按最可能的顺序列出）：
① 过多的收缩补偿，例如填充过紧。
② 模具的温度控制不正确。
③ 模具问题或设计错误。

建议的补救措施（根据上述原因）：
① 减少收缩补偿：
● 减少保压；
● 减少保压时间；
● 降低注射速度；
● 暂时使用脱模喷剂。
② 调整温度设置：
● 降低模具温度并最终降低熔体温度；
● 暂时增加冷却时间。
③ 需要钳工修整（参见第16章）：
● 增加脱模斜度；
● 减少表面纹理的深度；
● 减少太大的倒扣；
● 修复表面的损坏。

图555 产品黏附在定半模型腔中。没有随动模和顶针顶出。

产品粘动模

可能的原因（按最可能的顺序列出）：
① 过多的收缩补偿，例如填充过紧。
② 型芯太热或太冷。
③ 出现真空，特别是薄壁产品。
④ 模具问题或设计错误。

建议的补救措施（根据上述原因）：
① 减少收缩补偿：
● 减少保压；
● 减少保压时间；
● 降低注射速度；
● 暂时使用脱模喷剂。
② 调整温度设置：
● 降低或增加型芯的温度；
● 增加（暂时）或缩短冷却时间。

图556 产品随动模移动，但顶针力度不够不能顶出产品。

③ 与上述要点①和②相同的补救措施。

④ 需要钳工修整（参见第16章）：

● 增加脱模斜度；

● 减少表面纹理的深度；

● 减少过大的倒扣；

● 增加顶出距离；

● 修复表面的损伤。

产品粘在顶针上

可能的原因（按最可能的顺序列出）：

① 不良的顶出顺序。

② 模具问题或设计错误。

③ 顶出时产品不够坚硬。

建议的补救措施（根据上述原因）：

① 调整顶出顺序：

● 如果可以的话增加顶出距离；

● 如果可以的话增加顶出速度；

● 顶出两次；

● 使用压缩空气辅助；

● 使用机器手取件。

② 需要钳工修整（参见第16章）：

● 由于机械限制导致推杆长度过短；

● 增加顶针的数量。

③ 增加冷却时间。

图557 产品已被顶针顶出，但是挂在顶针上。

浇口粘在模具中

可能的原因（按最可能的顺序列出）：

① 浇口过度收缩。

② 喷嘴冻住。

③ 喷嘴泄漏（流延）。

④ 喷嘴直径太大。

⑤ 喷嘴半径损坏或太大。

⑥ 模具问题或设计错误。

建议的补救措施（根据上述原因）：

① 减少收缩补偿：

● 降低保压或保压时间；

● 降低注射速度；

● 暂时使用脱模喷剂。

图558 当浇口粘在模具上时，需要把黄铜螺钉用火加热并使其融化到浇口中。当螺钉冷却并且塑料已凝固时，可以使用一把钳子小心地拉出浇口。

② 增加喷嘴温度。

③ 降低泄漏风险：

● 降低喷嘴温度；

● 增加减压（倒吸）；

● 在开模和关模阶段倒退注射单元。

④ 更换一个较小的喷嘴，即半径比浇口套小0.5mm。

⑤ 修理喷嘴。

⑥ 需要钳工修整（参见第16章）：

● 浇口锥度过小；

● 增加拉料杆的倒扣（冷料袋）；

● 将浇口和浇道之间的圆角半径（R）增加到R=壁厚的0.5倍；

● 改善模具中浇口衬套和喷嘴之间的配合。

拉丝

可能的原因（按最可能的顺序列出）：

① 浇口从喷嘴拉出一根线。

② 上一模的拉丝进入模腔。

建议的补救措施（根据上述原因）：

消除拉丝风险：

● 增加减压（抽回）；

● 向上或向下调整喷嘴温度。

图559 半结晶和非结晶热塑性塑料都会出现拉丝问题。

第**29**章 统计过程控制（SPC）

统计过程控制（statistical process control）是一种长期以来在工程行业中用于提高生产产品质量的方法。SPC并未大范围用于塑料制品的生产（2014年）。然而，模塑商对于SPC的使用却大幅增加。在本章中，我们将向读者介绍所使用的原理和不同概念。本章内容为作者与尼尔森咨询公司（www.nielsenconsulting.se）共同开发，该公司专门从事SPC培训并为本书提供了文件和图片内容。

为什么使用SPC?

SPC是一个非常有用和有益的方法，因为它：
- **创造客户价值**，即改善功能或延长客户产品的使用寿命；
- 通过关注公差中心（参见下面的条款）而不是公差限制来**减少不合格产品**；
- **防止产品故障**，因为在适当的时候采取行动；
- **减少对最终检验的需求**，即具有高性能的交货（参见下面的条款）不需要最终检验；
- **促进客户关系**，因为允许客户在没有进行检查的情况下取货；
- 在**早期检测机器故障**，从而成为基于状态维护的辅助工具；
- 通过无差错交付降低库存成本，并允许减少库存；
- 可以**减少生产过程中的压力**，因为减少了对测量和控制加工过程的需要；
- 可以**促进价格商讨**，因为准确的交付通常意味着客户的满意度更高；
- 通过增加对生产过程的理解，**可以增加员工的参与度**，因为在这一过程中更容易看到模式和趋势；
- 在没有"唯一和绝对酌情权"的空间时**可提供统一的方法**；
- 是精益生产过程中的工具，可持续改进，重点在于满足客户。

SPC中的定义

正态分布（高斯分布）

这是一种测量数值的方式，在大多数情况下，测量值将作为随机的结果分布在其平均值（峰值）左右（见图560）。

请注意，大部分测量值都在峰值附近，靠近边缘的值较少。换句话说，在随机抽样的情况下，根本不可能在外围找到一些细节。我们所测量的细节落在公差范围内是不够的。要看到高斯分布，需要测量许多细节，并且可能非常费时。但是使用标准偏差是有捷径的！

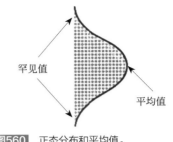

图560 正态分布和平均值。

标准偏差

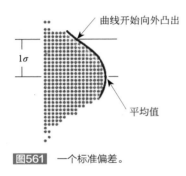

图561 一个标准偏差。

一个标准偏差

这是一个统计函数，用于计算正态分布。它是通过测量距平均值（右图中曲线最右侧的点）到曲线改变方向并开始向外凸出的点的距离来计算的。这个距离代表一个标准偏差。这意味着我们不需要测量几百个细节来找出机器或加工的变化情况。我们也可以使用标准偏差来计算点差。在概率论中，标准偏差由希腊字母 σ 表示。

六个标准偏差（6个 σ）

要计算正态分布，可以将标准偏差乘以6，从而得到正态分布曲线。换句话说，如果我们继续测量细节，他们会填充曲线的宽度，但现在我们无需测量而直接计算曲线的宽度（见图562）。正态分布因此基于标准偏差并且由六个这样的标准偏差组成。六个标准偏差约占结果的99.73%。这也意味着0.27%的结果不在正态分布曲线内。

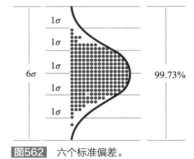

图562 六个标准偏差。
注：原图有误，误将标准偏差 σ，印为 s。

控制限

控制限是统计控制过程的重要组成部分。它们与公差限制无关，因为当工艺过程改变其行为时，控制限会提醒我们。

一个重要的原则是控制限与控制图内的平均值一起使用以控制工艺过程。这与公差限制不同，它与测量的单点一起使用以确定所讨论的部件是否被接受。

控制限用于将过程集中在目标值附近，通常以与公差中间值相同的方式使用。控制限还会显示稳定工艺过程的限制指定在哪里。这意味着在控制图发出信号之前，我们基本上不需要做出什么反应。典型的控制图是一个 XR 图表，通过样品组和控制限值监控过程模式和离散度。当一个点落在 X 部分的控制范围之外时，这意味着过程模式已经改变；请参阅图564。

当一个点超出R部分的控制界限时，过程分布已经改变；请参见图563。

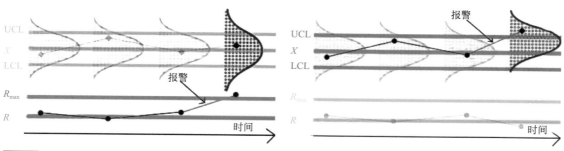

图563　图为XR图，图中值超出R_{max}。　　　　**图564**　图为XR图，图中值超出控制上限。

注：本书英文原版中图563和图564图题标注有误，实际应互换图题。

如何确定控制限？

最好的办法是让控制限适应工艺过程。工艺分布较小，控制范围就窄，而工艺分布较宽，控制范围就较大（见图565）。

一个常见的误解是机器调试员会经常调整工艺，但实际上通常是相反的。

与不使用SPC的相比，该工艺的调整次数会少很多。通过允许控制限来监视流程，当流程改变其行为时，我们再做出相应的反应，既不会太早也不会太迟。

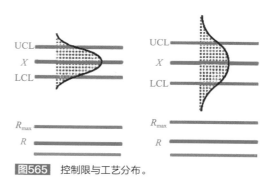

图565　控制限与工艺分布。

其他设置控制限制的方法

在某些情况下，可能会导致难以让控制限适应该工艺过程。比如当这个工艺使用不容易调整的工具时。注塑模具就是这种工具的一个例子。由于这些模具通常提供非常小的工艺分布，因此控制范围很窄，因此可以适当地释放工艺过程中的控制限，而将它们锁定在公差范围内的一定距离上（见图566）。

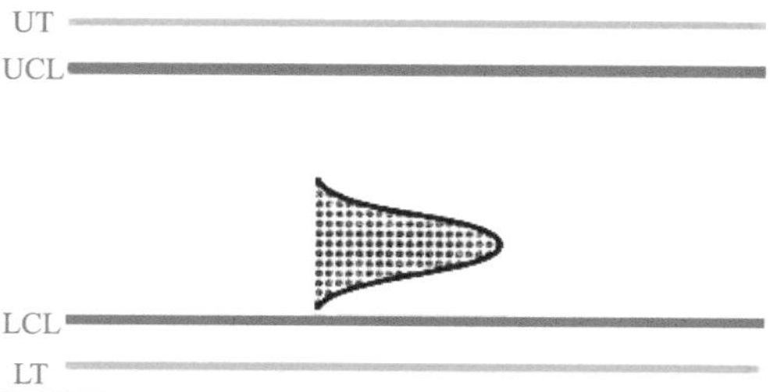

图566　控制限锁定在公差范围。

目标值

如果我们有一个轴要安装在模制滑动轴承中，则初始润滑将延长轴承的使用寿命。一个大的轴径（在公差范围的上限）允许在轴径和孔径之间配合的润滑脂量就较少。与最佳配合相比，这就会产生较差的润滑效果并因此导致较快的磨损和较短的使用寿命。

小的轴直径又会导致轴和孔之间的相互作用。这种相互作用随着时间的推移会迅速增大，导致寿命缩短。

该函数将在目标值处达到最佳值，在这种情况下，该值位于公差范围的中间，请参阅图567。对于单面属性，如翘曲、表面光洁度和强度，目标值0。通过使用统计过程控制，我们将被允许将工艺过程集中到目标值。

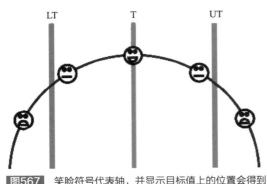

图567 笑脸符号代表轴，并显示目标值上的位置会得到最好的结果。

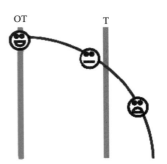

图568 笑脸符号表示表面光洁度并显示最佳值等于0。

目标中值（TC）

TC是从目标值T到机器或工艺分布的平均值的距离，以公差范围的百分比表示，参见图569中的数字。目前这种方法并不常用，但以前的最大偏差通常设置为例，如TC±15%。

机器能力（CM）

CM值描述机器性能，并指机器CM分布在公差范围内的次数。CM比值越高，机器越好。

如果CM值是2.5，则机器的分布值在公差宽度内为2.5倍，而CM为1.0意味着它只是公差宽度的1倍。

请注意，如果分布偏离中心，则它具有相同的大小，这意味着相同的CM值。CM值不考虑分布相对于公差上限或下限的位置。它只显示机器值的分布与公差范围之间的关系。

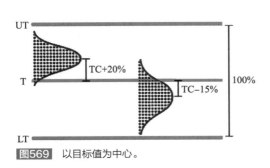

图569 以目标值为中心。

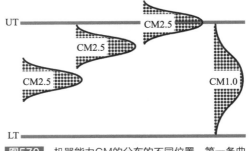

图570 机器能力CM的分布的不同位置。第一条曲线是最好的机器。

机器能力指数（CMK）

为了同时考虑到机器相对于公差极限的能力，所以使用CMK值表示。该值根据校正的位置描述机器的性能。如果机器设置相对于公差的中心严重偏离，则CM值很高也没有意义了。因此，一个大的CMK比例意味着您有一台相对于公差范围较低的良好机器。这也意味着它相对于公差中心定位正确。如果CMK值等于CM值，则该机设置的生产完全在公差范围的中间；见图571。

机器能力的通用最小值是CMK值为1.67。

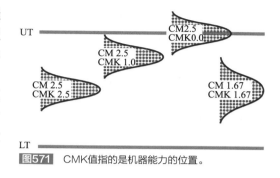

图571 CMK值指的是机器能力的位置。

制程能力（CP）

CP值描述过程能力，指的是过程分布在公差宽度内的次数。CP值越高，过程越好。

例如，如果CP值为2.0，则意味着该过程的分布在公差宽度内符合两次，而CP值为1.0意味着它只符合一次。请注意，如果分布偏离中心，则它具有相同的大小，这意味着相同的CP值。CP值不考虑分布相对于公差上限或下限的位置。它只显示过程值的分布与公差范围之间的关系。

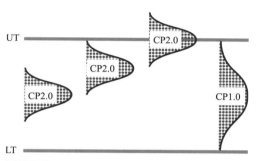

图572 制程能力的不同值。第一条曲线显示最佳设置。

制程能力指数（CPK）

为了同时考虑与公差限制有关的过程能力，所以使用CPK值表示。该值根据校正的位置描述过程能力。如果过程设置相对于公差的中心严重偏离，则CP值很高也没有意义了。因此，较大的CPK比率意味着我们拥有一个在公差范围内分布较低的稳健流程。这也意味着它相对于公差中心定位正确。如果CPK值等于CP值，则该过程被设置为精确地位于公差范围的中间（图573）。

过程能力的通用最小值是CPK值为1.33。

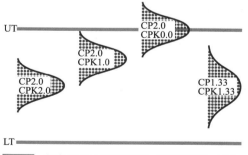

图573 在过程能力上的各个阵营一般需要CPK＝1.33。

六个重要因素

以下六个因素被认为会影响能力测量值的分布。

（1）机器

即它的磨损程度如何以及模具的状况如何。

（2）测量方法

即测试装置的分辨率及其分布。

（3）测量实施者

即他/她的经验、准确性和专注度。

（4）材料

即熔体黏度和/或玻璃纤维含量的变化。

（5）环境

即温度、湿度和中央冷却系统变化的程度。

（6）工艺

即注塑、挤出、吹塑。

机器能力

机器性能使用CM和CMK值进行测量。这些数值提供了一个大致印象，介绍此时的机器如何很好地生产与公差极限相关的零部件。

该图显示了几个不同的图像。测量机器性能时，重要的是不要更改任何设置、模具、材料、机器调试员或测量方法，也不得有任何干扰中断。在前一页中描述的因素中，只有机器和测量结果可以影响结果。

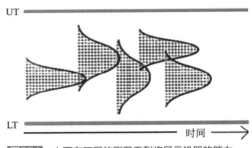

图574　上面有不同的测量系列将显示机器的能力。

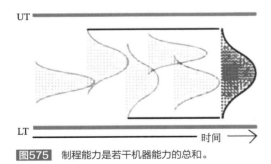

图575　制程能力是若干机器能力的总和。

制程能力

制程能力是一项以CP和CPK值衡量的长期研究，表明过程相对于公差限制产生的成功程度。是目前以及未来的持续研究趋势。

可以将过程能力表达为长时间内一系列机器能力的总和。测量制程能力时，影响过程的所有因素都将包含在测量中。换句话说：在以上六个因素中，所有六个因素都可以影响结果。

SPC如何在实践中工作

软件

在生产过程中引入SPC时，需要计算机软件来计算过程的各种统计值。下面是由

Fourtec命名的Microlog 32软件界面（请参阅www.fourtec.com）。

在RX图表中，目标重量为50.000g，公差上限为0.900g，下限为0.000g。该系列是在16:19和02:37之间进行的。每个蓝点表示过程参数的改变或过程中的干扰，这些是应该始终记录在案的。通过研究曲线，我们可以看到结果很好地围绕目标值。目标值居中只有0.29%的偏差。

该过程非常稳定，CP值为8.88，CPK值为8.82。在下面的图表中，调试员已经手动填入了每个值，其实这还可以很容易地通过机械手将每个产品放置在一个秤上完成，而秤已经连接到一台计算机，自动记录。

但是偏差必须手动记录。

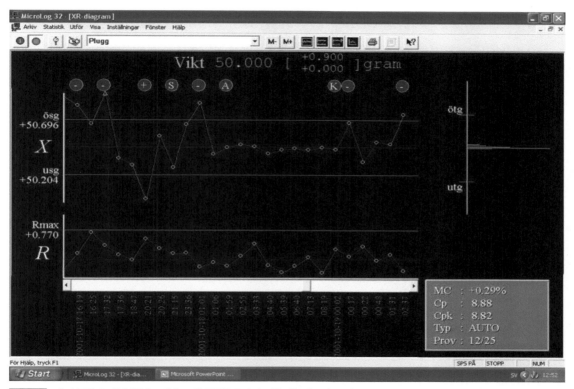

图576　在上面的RX控制图中，我们可以看到在几个小时的时间范围内通过注塑生产的塑料部件的重量分布。内部带有负号的蓝色圆圈显示保压降低了。内部带有正号的圆圈表示的是保压增加。内部S和K的圆圈显示的是由于机器人的问题过程中断。内部带有A的圆圈标志着从材料中含30%的再生料到100%纯净树脂的混合物的切换。

过程数据监测

模具制造商对统计过程控制的兴趣正在不断增加。作为领先的注塑机制造商之一的Engel（恩格尔）提供了一个SPC系统，该系统用于使用多达20种不同的工艺参数进行在线质量监测。该系统与机器控制系统集成，可以在已交付的恩格尔机器上进行补充。见www.engelglobal.com。

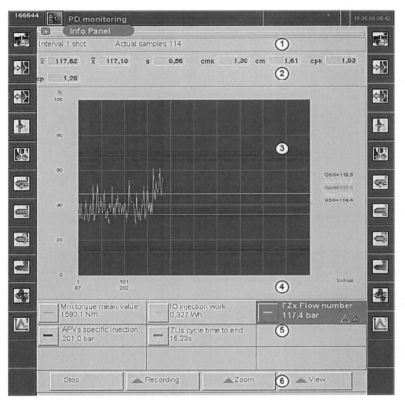

图577 上图中的数字显示：

①测量设置和当前测量次数。

②用于统计特征值的线。

③每个显示一个过程参数的水平图：

• 设定值（蓝色）；

• 实际值（绿松石色）；

• 样品的平均值（赭石色）；

• 整体平均值（绿色）；

• 控制限制（黄色）；

• 规格限制（红色）。

④测量编号和计数器和/或时间的行。

⑤用于曲线特定设置的按键曲线图例。

⑥功能和菜单键。

第 **30** 章 互联网链接

互联网链接

以下公司为这本书提供了信息和/或照片，如果您需要更多关于他们产品或服务的信息，我们强烈推荐给读者。

公司	互联网链接	产品或服务
Acron Formservice AB	www.acron-form.se	快速原型
Ad Manus Materialteknik AB	www.ad-manus.se	培训/测试/分析
AD-Plast AB	www.ad-plast.se	注射成型
Arkema	www.arkema.com	塑料原料
Arla Plast AB	www.arlaplast.se	挤压
Arta Plast AB	www.artaplast.se	注射成型
Bergo Flooring AB	www.bergoflooring.se	塑料地板
ClariantSverige AB	www.clariant.com	色母粒
Digital MechanicsAB	www.digitalmechanics.se	快速原型
Distrupol Nordic AB	www.distrupol.com	塑料分配器
杜邦工程聚合物	plastics.dupont.com	塑料原料
DSM	www.dsm.com	塑料原料
DST Control AB	www.dst.se	电光系统
Elasto Sweden AB	www.elastoteknik.se	热塑性弹性体
Engel Sverige AB	www.engelglobal.com	注塑机
Erteco Rubber & Plastics AB	www.erp.se	塑料分销商
European Bioplastics	www.en.european-bioplastics.org/	欧洲贸易组织
Ferbe Tools AB	www.ferbe.se	模具制造商
Flexlink AB	www.flexlink.com	输送机
Hammarplast Consumer AB	www.hammarplast.se	存储产品
Hordagruppen AB	www.hordagruppen.com	吹塑成型
IMCD Sweden AB	www.imcd.se	塑料分销商
Injection Mold - M Kröckel	www.injection-mold.info	模具图形

IKEM	www.ikem.se	瑞典贸易组织（培训）
K.D. Feddersen Norden AB	www.kdfeddersen.com	塑料和机器分销商
Makeni AB	www.makeni.se	注射成型
Mape Plastic AB	www.mapeplastics.se	塑料分销商
Mettler Toledo AB	www.se.mt.com	分析设备
MiljösäckAB	www.miljosack.se	气候智能塑料袋
Nordic Polymers Sverige AB	www.nordicpolymers.dk	塑料分销商
Novamont S.p.A.	www.novamont.com	生物塑料
Plastinject AB	www.plastinject.se	注射成型
Polykemi AB	www.polykemi.se	塑料原料
Polymerfront AB	www.polymerfront.se	塑料分销商
Polyplank AB	www.polyplank.se	再生产品
Protech AB	www.protech.se	快速原型设备
Re8 Bioplastic AB	www.re8.se	生物塑料
Resinex Nordic AB	www.resinex.se	塑料分销商
Rotationsplast AB	www.rotationsplast.se	滚塑制品
Sematron AB	www.sematron.se	真空成型
Stebro Plast AB	www.stebro.se	注射成型
Talent Plastics AB	www.talentplastics.se	注射成型和挤出
Celanese	www.celanese.com	塑料原料
Tojos Plast AB	www.tojos.se	注射成型
VadstenaLasermärkning	www.lasermarkning.se	激光打标设备
Weland Medical AB	www.weloc.com	塑料夹子